U0324443

建筑安全标准化及绿色施工图集

王文玺　主编

孙学忱　田永宾　郎志坚　副主编

中国计划出版社

北　京

图书在版编目（CIP）数据

建筑安全标准化及绿色施工图集/王文玺主编. --
北京：中国计划出版社，2016.7（2021.4 重印）
ISBN 978 - 7 - 5182 - 0446 - 5

Ⅰ.①建…　Ⅱ.①王…　Ⅲ.①建筑工程—工程施工—
安全标准—图集　Ⅳ.①TU714-64

中国版本图书馆 CIP 数据核字（2016）第 122406 号

建筑安全标准化及绿色施工图集

王文玺　主编

孙学忱　田永宾　郎志坚　副主编

中国计划出版社出版发行
网址：www.jhpress.com
地址：北京市西城区木樨地北里甲 11 号国宏大厦 C 座 3 层
邮政编码：100038　电话：（010）63906433（发行部）
三河富华印刷包装有限公司印刷

787mm×1092mm　1/16　9 印张　220 千字
2016 年 7 月第 1 版　2021 年 4 月第 2 次印刷
印数 5001—6500 册

ISBN 978-7-5182-0446-5
定价：68.00 元

本书编写人员名单

主　　编：王文玺

副 主 编：孙学忱　　田永宾　　郎志坚

编写人员：曹　磊　　陈　迪　　秦权胤　　逄佳军　　章奎君　　耿　青　　李勇博

王　涛　　李　赫　　高　靖　　白春伟　　郎鸿雁　　王　敏　　蒋福顺

刘蒙林　　代舍冷　　白雪松　　董秋实　　郑　重　　张仲杰　　周德灏

付司军　　马长友　　韩金霞　　孙　鹏　　孙丽淇　　王春福　　张　勇

赵永杰　　王晓旺　　邢风红　　彭代英　　董洪波　　张志鹏　　图日古拉

宋好为　　曲军生　　刘　赫　　李　越　　刘万忠　　宋凯鹏　　钱宝音达莱

前　言

　　十八届五中全会全面深化改革以来，建筑安全工作得到了党和国家领导人前所未有的高度重视。"安全第一"是我党的重要方针，也是社会经济发展的永恒主题。只有安全的发展才是健康的发展、和谐的发展。因而抓好安全生产工作尤为重要。要想安全生产，就要抓好规范、标准的落实工作，达到安全标准化，保障安全生产无事故。

　　为推动建筑施工安全标准化工作，我们组织有关技术人员编写了本书。本书紧紧围绕《建筑施工安全检查标准》JGJ 59—2011，并引用相关规范条文内容阐述建筑安全标准化，对主要部分均给出示意图或实际效果图，并在示意图、效果图的关键部位、关键环节都用引线引出进行详细说明和解读。本书共分 12 章，包括脚手架、基坑工程、模板支架、高处作业、高处作业吊篮、施工用电、施工升降机、塔式起重机、施工机具、安全管理、文明施工，绿色施工。本书利用图文并茂的表达方式，力求通俗易懂。

　　本书是广大工程管理人员学习、贯彻安全标准化工作的指导用书，也是工程建设各方管理人员的重要参考工具，由于本书的编写者在各自的工作岗位上都承担着繁忙的管理任务，编写时间较短，涉及专业较多，加之水平所限，错漏之处敬请同行提出宝贵意见，以便改进。

编者

2016 年 3 月

编 制 依 据

1.《建筑施工安全检查标准》JGJ 59—2011
2.《建设工程施工现场环境与卫生标准》JGJ 146—2013
3.《施工现场临时建筑物技术规范》JGJ/T 188—2009
4.《建设工程施工现场消防安全技术规范》GB 50720—2011
5.《建筑施工扣件式钢管脚手架安全技术规范》JGJ 130—2011
6.《建筑施工土石方工程安全技术规范》JGJ 180—2009
7.《建筑基坑支护技术规程》JGJ 120—2012
8.《建筑施工模板安全技术规范》JGJ 162—2008
9.《建筑施工高处作业安全技术规范》JGJ 80—1991
10.《施工现场临时用电安全技术规范》JGJ 46—2005
11.《建筑施工升降机安装、使用、拆卸安全技术规程》JGJ 215—2010
12.《建筑施工塔式起重机安装、使用、拆卸安全技术规程》JGJ 196—2010
13.《塔式起重机安全规程》GB 5144—2006
14.《塔式起重机》GB/T 5031—2008
15.《建筑施工工具式脚手架安全技术规范》JGJ 202—2010
16.《高处作业吊篮》GB 19155—2003
17.《建筑机械使用安全技术规程》JGJ 33—2012
18.《建设工程安全生产管理条例》（国务院令第 393 号）
19.《建筑施工组织设计规范》GB/T 50502—2009
20.《危险性较大的分部分项工程安全管理办法》（建质〔2009〕87 号）

目　录

1 脚 手 架

1.1 施工方案

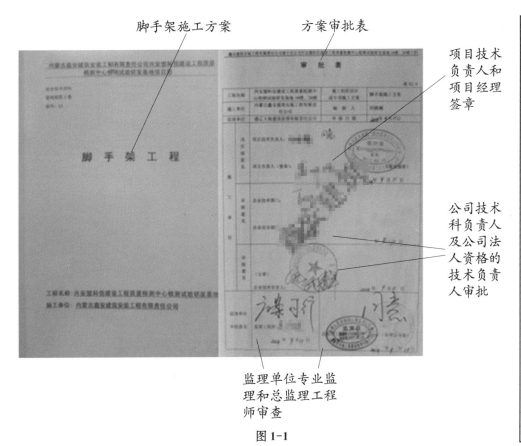

脚手架施工方案

方案审批表

项目技术负责人和项目经理签章

公司技术科负责人及公司法人资格的技术负责人审批

监理单位专业监理和总监理工程师审查

图 1-1

施工单位应当在危险性较大的分部分项工程施工前编制专项方案（见图 1-1）；对于超过一定规模的危险性较大的分部分项工程，施工单位应当组织专家对专项方案进行论证。

危险性较大的分部分项工程范围：

（一）搭设高度 24m 及以上的落地式钢管脚手架工程。

（二）附着式整体和分片提升脚手架工程。

（三）悬挑式脚手架工程。

（四）吊篮脚手架工程。

（五）自制卸料平台、移动操作平台工程。

（六）新型及异型脚手架工程。

超过一定规模的危险性较大的分部分项工程范围：

（一）搭设高度 50m 及以上落地式钢管脚手架工程。

（二）提升高度 150m 及以上附着式整体和分片提升脚手架工程。

（三）架体高度 20m 及以上悬挑式脚手架工程

1.2 立杆基础

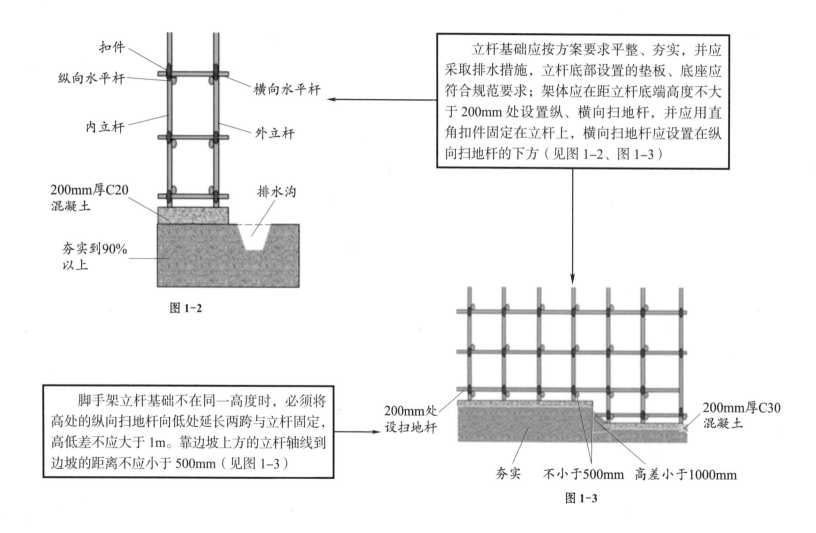

立杆基础应按方案要求平整、夯实，并应采取排水措施，立杆底部设置的垫板、底座应符合规范要求；架体应在距立杆底端高度不大于 200mm 处设置纵、横向扫地杆，并应用直角扣件固定在立杆上，横向扫地杆应设置在纵向扫地杆的下方（见图 1–2、图 1–3）

扣件
纵向水平杆
内立杆
200mm厚C20混凝土
夯实到90%以上
横向水平杆
外立杆
排水沟

图 1-2

脚手架立杆基础不在同一高度时，必须将高处的纵向扫地杆向低处延长两跨与立杆固定，高低差不应大于 1m。靠边坡上方的立杆轴线到边坡的距离不应小于 500mm（见图 1–3）

200mm处设扫地杆
200mm厚C30混凝土
夯实
不小于500mm
高差小于1000mm

图 1-3

2

1.3 架体与建筑结构拉结

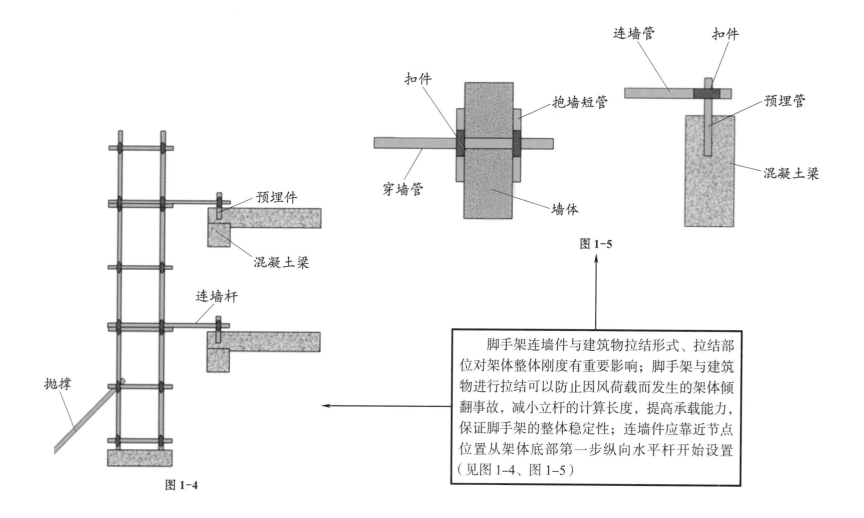

预埋件

混凝土梁

连墙杆

抛撑

图1-4

扣件

穿墙管

抱墙短管

墙体

连墙管

扣件

预埋管

混凝土梁

图1-5

脚手架连墙件与建筑物拉结形式、拉结部位对架体整体刚度有重要影响；脚手架与建筑物进行拉结可以防止因风荷载而发生的架体倾翻事故，减小立杆的计算长度，提高承载能力，保证脚手架的整体稳定性；连墙件应靠近节点位置从架体底部第一步纵向水平杆开始设置（见图1-4、图1-5）

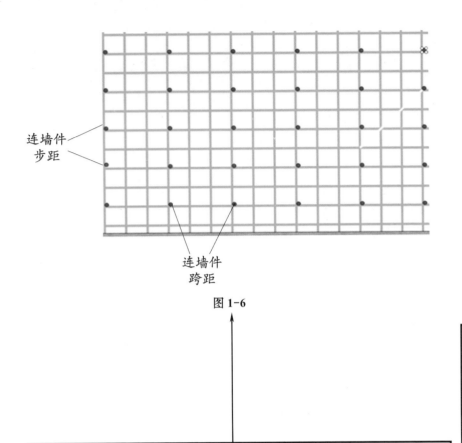

连墙件
步距

连墙件
跨距

图 1-6

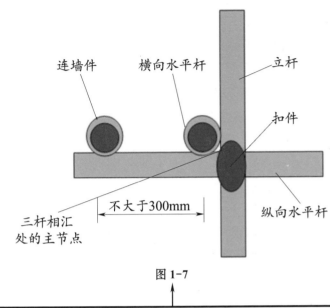

连墙件　　横向水平杆　　立杆

扣件

纵向水平杆

三杆相汇
处的主节点

不大于300mm

图 1-7

表 1-1　连墙件布置最大间距（见图 1-6）				
搭设方法	高度	竖向间距（h）	水平间距（l_a）	每根连墙件覆盖面积（m^2）
双排落地	≤ 50m	3h	3l_a	≤ 40
双排悬挑	>50m	2h	3l_a	≤ 27
单排	≤ 24m	3h	3l_a	≤ 40

注：h 为步距，l_a 为纵距。

连墙件应靠近主节点设置，偏离主节点的距离不应大于 300mm；应从底层第一步纵向水平杆处开始设置，当该处设置有困难时，应采用其他可靠措施固定；应优先采用菱形布置，或采用方形、矩形布置。开口型脚手架的两端必须设置连墙件，连墙件的垂直间距不应大于建筑物的层高，并且不应大于 4m。连墙件中的连墙杆应呈水平设置，当不能水平设置时，应向脚手架一端下斜连接。连墙件必须采用可承受拉力和压力的构造。对高度 24m 以上的双排脚手架，应采用刚性连墙件与建筑物连接。当脚手架下部暂不能设连墙件时应采取防倾覆措施。当搭设抛撑时，抛撑应采用通长杆件，并用旋转扣件固定在脚手架上，与地面的倾角应在 45º ~ 60º 之间；连接点中心至主节点的距离不应大于 300mm。抛撑应在连墙件搭设后再拆除（见图 1-7）

1.4 杆件间距与剪刀撑

作业层上非主节点处的横向水平杆，宜根据支承脚手板的需要等间距设置，最大间距不应大于纵距的1/2；当使用冲压钢脚手板、木脚手板、竹串片脚手板时，双排脚手架的横向水平杆两端均应采用直角扣件固定在纵向水平杆上；单排脚手架的横向水平杆的一端应用直角扣件固定在纵向水平杆上，另一端应插入墙内，插入长度不应小于180mm（见图1-8）

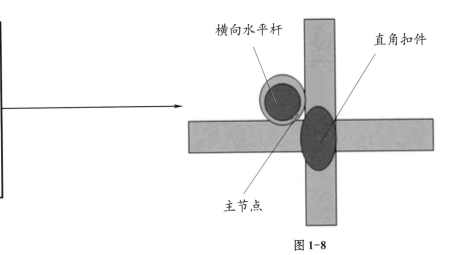

图 1-8

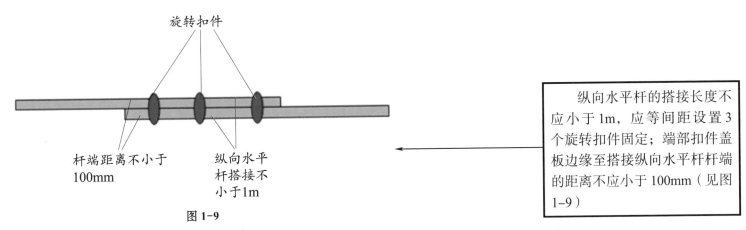

图 1-9

纵向水平杆的搭接长度不应小于1m，应等间距设置3个旋转扣件固定；端部扣件盖板边缘至搭接纵向水平杆杆端的距离不应小于100mm（见图1-9）

脚手架立杆的对接、搭接应符合下列规定：

当立杆采用对接接长时，立杆的对接扣件应交错布置，两根相邻立杆的接头不应设置在同步内，同步内隔一根立杆的两个相隔接头在高度方向错开的距离不宜小于 500mm；各接头中心至主节点的距离不宜大于步距 1/3（见图 1-10）

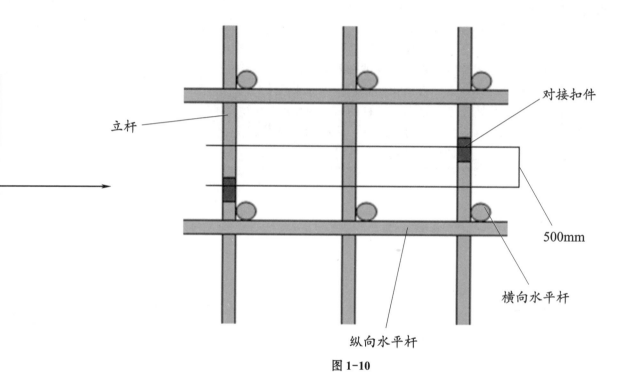

对接扣件

立杆

500mm

横向水平杆

纵向水平杆

图 1-10

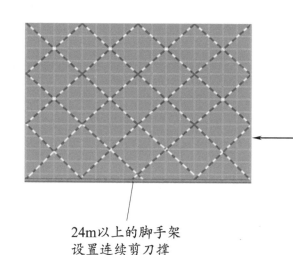

24m以上的脚手架
设置连续剪刀撑

图 1-11

高度在24m及以上的双排脚手架应在外侧全立面连续设置剪刀撑（见图1-11）；高度在24m以下的单、双排脚手架，均必须在外侧两端、转角及中间间隔不超过15m的立面上，各设一道剪刀撑，并应由底至顶连续设置（见图1-12）

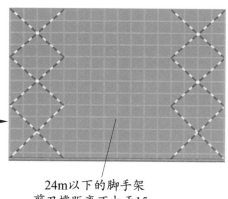

24m以下的脚手架
剪刀撑距离不大于15m

图 1-12

表 1-2　剪刀撑跨越立杆的最多根数

剪刀撑斜杆与地面的倾角 α	45°	50°	60°
剪刀撑跨越立杆的最多根数 n	7	6	5

每道剪刀撑跨越立杆的根数应按表1-2的规定确定。每道剪刀撑宽度不应小于4跨，且不应小于6m，斜杆与地面的倾角应在45°～60°之间。

剪刀撑斜杆的接长应采用搭接或对接。剪刀撑斜杆应用旋转扣件固定在与之相交的横向水平杆的伸出端或立杆上，旋转扣件中心线至主节点的距离不应大于150mm（见图1-13）

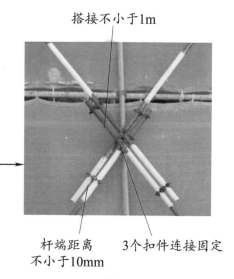

搭接不小于1m

杆端距离
不小于10mm

3个扣件连接固定

图 1-13

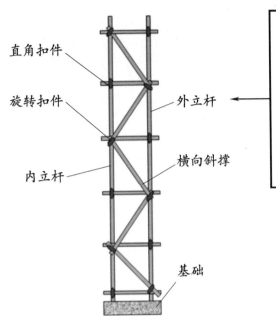

图 1-14

直角扣件
旋转扣件
内立杆
外立杆
横向斜撑
基础

横向斜撑应在同一节间，由底至顶层呈之字形连续布置，高度在 24m 以下的封闭型双排脚手架可不设横向斜撑，高度在 24m 以上的封闭型脚手架，除拐角应设置横向斜撑外，中间应每隔 6 跨距设置一道。开口型双排脚手架的两端均必须设置横向斜撑（见图 1-14）

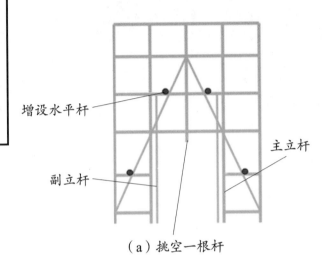

增设水平杆
副立杆
主立杆

（a）挑空一根杆

单、双排脚手架门洞应设置斜腹杆。斜腹杆宜采用旋转扣件固定在与之相交的横向水平杆的伸出端上，旋转扣件中心线至主节点的距离不宜大于 150mm。当斜腹杆在 1 跨内跨越 2 个步距时，宜在相交的纵向水平杆处，增设一根横向水平杆，将斜腹杆固定在其伸出端上。

单、双排脚手架门洞宜采用上升斜杆、平行弦杆桁架结构形式，斜杆与地面的倾角在 45°～ 60° 之间（见图 1-15）

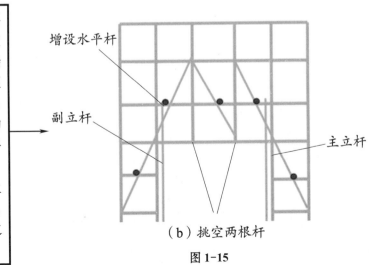

增设水平杆
副立杆
主立杆

（b）挑空两根杆

图 1-15

1.5 脚手板与防护栏杆

作业层栏杆和挡脚板均应搭设在外立杆的内侧；上栏杆上皮高度应为1.2m，挡脚板高度不应小于180mm，中栏杆应居中设置（见图1-16）

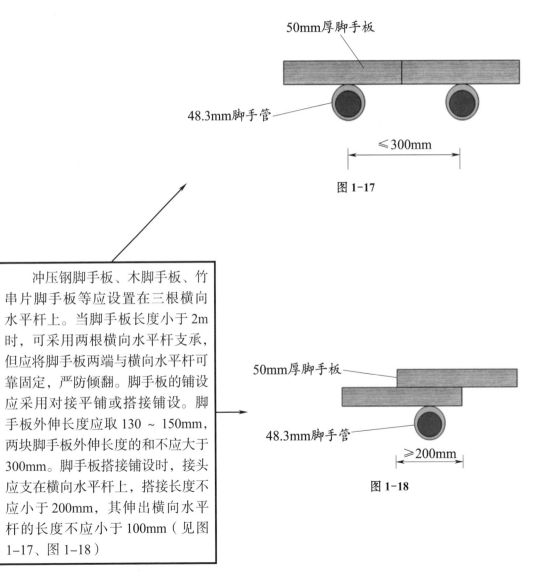

作业层满铺脚手板

上栏杆

中栏杆

挡脚板

连墙件

图1-16

50mm厚脚手板

48.3mm脚手管

≤300mm

图1-17

冲压钢脚手板、木脚手板、竹串片脚手板等应设置在三根横向水平杆上。当脚手板长度小于2m时，可采用两根横向水平杆支承，但应将脚手板两端与横向水平杆可靠固定，严防倾翻。脚手板的铺设应采用对接平铺或搭接铺设。脚手板外伸长度应取130～150mm，两块脚手板外伸长度的和不应大于300mm。脚手板搭接铺设时，接头应支在横向水平杆上，搭接长度不应小于200mm，其伸出横向水平杆的长度不应小于100mm（见图1-17、图1-18）

50mm厚脚手板

48.3mm脚手管

≥200mm

图1-18

1.6 交底与验收

脚手架验收记录

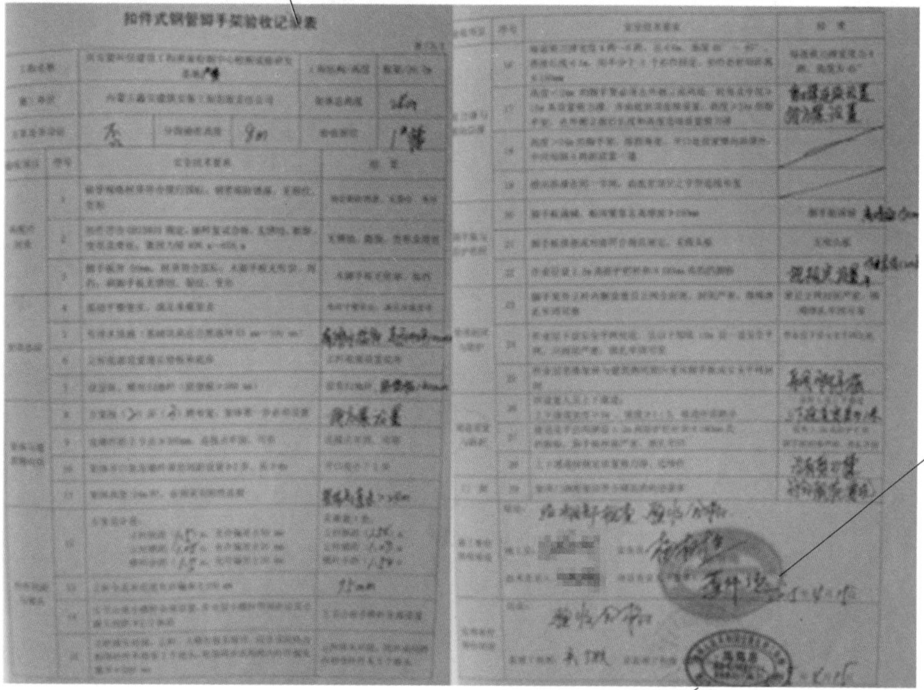
扣件式钢管脚手架验收记录表

施工员、安全员、技术负责人、项目经理签章

监理单位专业监理和总监理工程师签章

图 1-19

脚手架及其地基基础应在下列阶段进行检查与验收：

1. 基础完工后及脚手架搭设前；
2. 作业层上施加荷载前；
3. 每搭设完 6 ~ 8m 高度后；
4. 达到设计高度后；
5. 遇有六级强风及以上风或大雨后，冻结地区解冻后；
6. 停用超过一个月。

脚手架使用中，应定期检查下列要求内容：

1. 杆件的设置和连接，连墙件、支撑、门洞桁架等的构造应符合规范和专项施工方案的要求；
2. 地基应无积水，底座应无松动，立杆应无悬空；
3. 扣件螺栓应无松动；
4. 安全防护措施应符合《建筑施工扣件式钢管脚手架安全技术规范》JGJ 130—2011 的要求；
5. 应无超载使用。

见图 1-19

1.7 横向水平杆设置

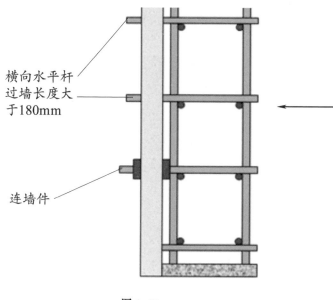

横向水平杆过墙长度大于180mm

连墙件

图1-20

作业层上非主节点处的横向水平杆，宜根据支承脚手板的需要等间距设置，最大间距不应大于纵距的1/2；

当使用冲压钢脚手板、木脚手板、竹串片脚手板时，双排脚手架的横向水平杆两端均应采用直角扣件固定在纵向水平杆上；单排脚手架的横向水平杆的一端应用直角扣件固定在纵向水平杆上，另一端应插入墙内，插入长度不应小于180mm；当使用竹笆脚手板时，双排脚手架的横向水平杆的两端，应用直角扣件固定在立杆上；单排脚手架的横向水平杆的一端，应用直角扣件固定在立杆上，另一端插入墙内，插入长度不应小于180mm。主节点处必须设置一根横向水平杆，用直角扣件扣接且严禁拆除（见图1-20、图1-21）

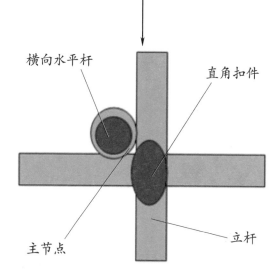

横向水平杆

直角扣件

主节点

立杆

图1-21

1.8 层间防护

脚手板应铺设牢靠、严实，并应用安全网双层兜底。施工层以下每隔10m应用安全网封闭（见图1-22）

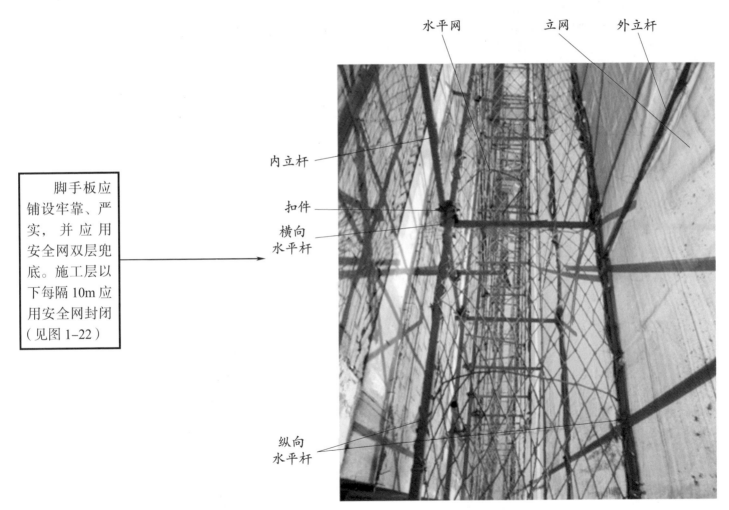

水平网　立网　外立杆

内立杆

扣件

横向
水平杆

纵向
水平杆

图 1-22

1.9 构配件材质

脚手架钢管应采用现行国家标准《直缝电焊钢管》GB/T 13793 或《低压流体输送用焊接钢管》GB/T 3091 中规定的 Q235 普通钢管；钢管的钢材质量应符合现行国家标准《碳素结构钢》GB/T 700 中 Q235 级钢的规定（见图 1-23）。

新钢管的检查应有产品质量合格证；应有质量检验报告，钢管材质检验方法应符合现行国家标准《金属材料 拉伸试验 第 1 部分：室温试验方法》GB/T 228.1 的有关规定，钢管表面应平直光滑，不应有裂缝、结疤、分层、错位、硬弯、毛刺、压痕和深的划道；钢管外径、壁厚、端面等的偏差应分别符合《建筑施工扣件式钢管脚手架安全技术规范》JGJ 130—2011 中表 8.1.8 的规定，钢管应涂有防锈漆。旧钢管的检查、锈蚀检查应每年一次。检查时，应在锈蚀严重的钢管中抽取三根，在每根锈蚀严重的部位横向截断取样检查，当锈蚀深度超过规定值时不得使用。各种扣件见图 1-24

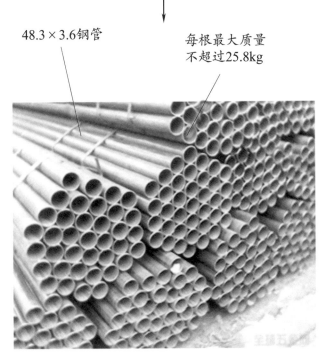

48.3×3.6钢管

每根最大质量
不超过25.8kg

旋转扣件

直角扣件

对接扣件

图 1-23

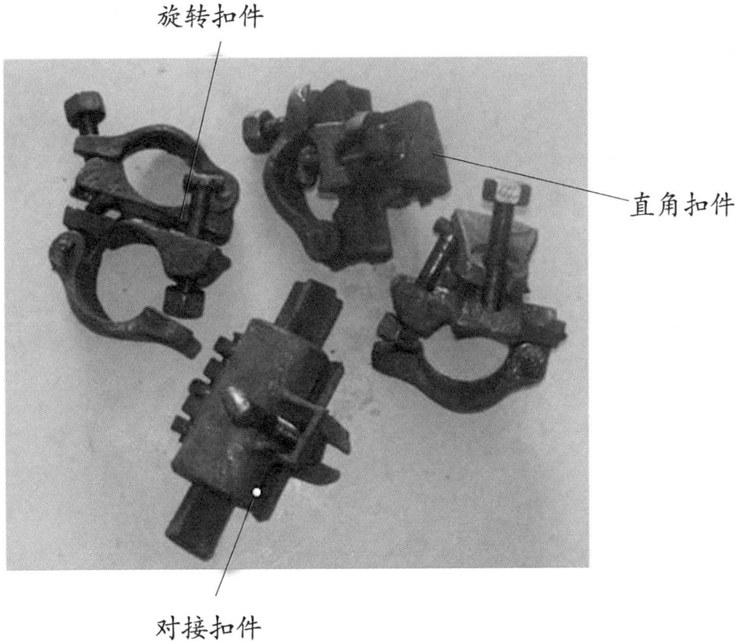

图 1-24

1.10 通道

工具式上下通道

安全通道

图 1-25

斜道应附着外脚手架或建筑物设置；运料斜道宽度不应小于1.5m，坡度不应大于1:6；人行斜道宽度不应小于1m，坡度不应大于1:3；拐弯处应设置平台，其宽度不应小于斜道宽度；斜道两侧及平台外围均应设置栏杆及挡脚板。栏杆高度应为1.2m，挡脚板高度不应小于180mm（见图1-25）

1.11 悬挑式脚手架

型钢悬挑梁宜采用双轴对称截面的型钢。悬挑钢梁型号及锚固件应按设计确定，钢梁截面高度不应小于160mm。悬挑梁尾端应在两处及以上固定于钢筋混凝土梁板结构上。锚固型钢悬挑梁的U形钢筋拉环或锚固螺栓直径不宜小于16mm（见图1-26）

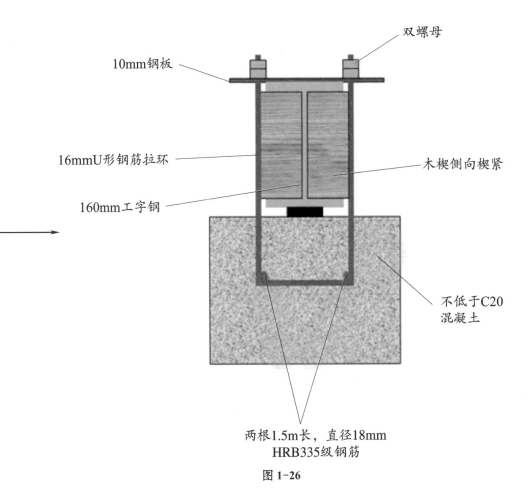

双螺母

10mm钢板

16mmU形钢筋拉环

160mm工字钢

木楔侧向楔紧

不低于C20混凝土

两根1.5m长，直径18mm HRB335级钢筋

图 1-26

15

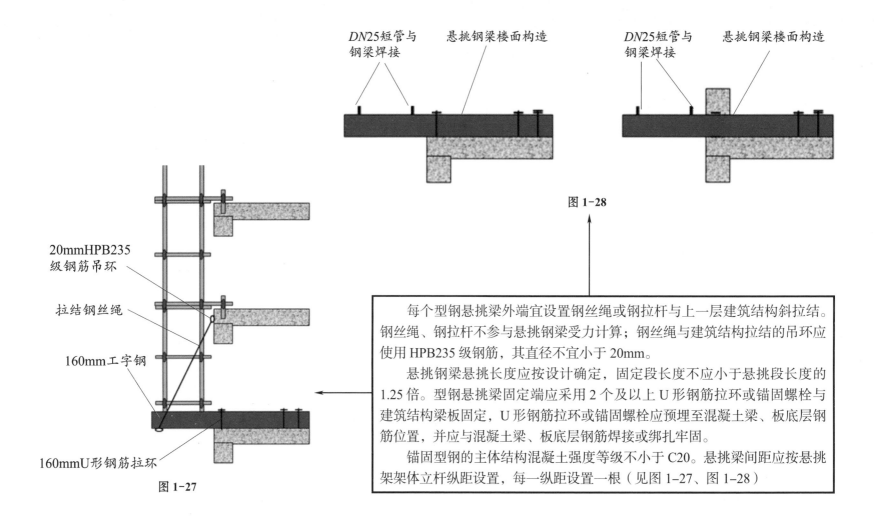

DN25短管与
钢梁焊接

悬挑钢梁楼面构造

DN25短管与
钢梁焊接

悬挑钢梁楼面构造

图 1-28

20mmHPB235
级钢筋吊环

拉结钢丝绳

160mm工字钢

160mmU形钢筋拉环

图 1-27

　　每个型钢悬挑梁外端宜设置钢丝绳或钢拉杆与上一层建筑结构斜拉结。钢丝绳、钢拉杆不参与悬挑钢梁受力计算；钢丝绳与建筑结构拉结的吊环应使用 HPB235 级钢筋，其直径不宜小于 20mm。

　　悬挑钢梁悬挑长度应按设计确定，固定段长度不应小于悬挑段长度的 1.25 倍。型钢悬挑梁固定端应采用 2 个及以上 U 形钢筋拉环或锚固螺栓与建筑结构梁板固定，U 形钢筋拉环或锚固螺栓应预埋至混凝土梁、板底层钢筋位置，并应与混凝土梁、板底层钢筋焊接或绑扎牢固。

　　锚固型钢的主体结构混凝土强度等级不小于 C20。悬挑梁间距应按悬挑架架体立杆纵距设置，每一纵距设置一根（见图 1-27、图 1-28）

2 基 坑 工 程

2.1 施工方案

超过一定规模的危险性较大的分部分项工程专项方案应当由施工单位组织召开专家论证会。实行施工总承包的，由施工总承包单位组织召开专家论证会。

危险性较大的分部分项工程范围：

一、基坑支护、降水工程

开挖深度超过 3m（含 3m）或虽未超过 3m 但地质条件和周边环境复杂的基坑（槽）支护、降水工程。

二、土方开挖工程

开挖深度超过 3m（含 3m）的基坑（槽）的土方开挖工程。

超过一定规模的危险性较大的分部分项工程范围：

一、深基坑工程

（一）开挖深度超过 5m（含 5m）的基坑（槽）的土方开挖、支护、降水工程。

（二）开挖深度虽未超过 5m，但地质条件、周围环境和地下管线复杂，或影响毗邻建筑（构筑）物安全的基坑（槽）的土方开挖、支护、降水工程。

见图 2-1

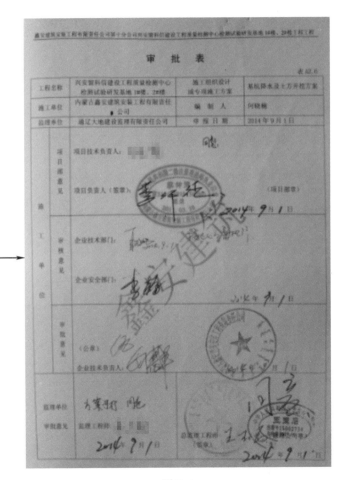

图 2-1

2.2 基坑支护

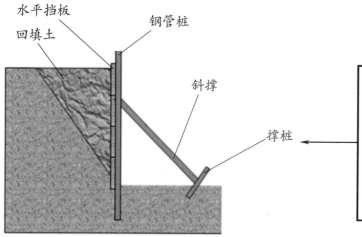

水平挡板
回填土
钢管桩
斜撑
撑桩

图 2-2

斜柱支撑：开挖大基坑或使用大型机械挖土，不能安装横撑，又不能采用锚拉支撑时，挡土板水平顶在柱的内侧，柱桩外侧由斜撑支牢，斜撑底端顶在撑桩上，然后在挡土坡内侧回填土（见图 2-2）

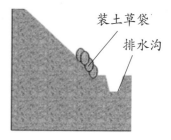

装土草袋
排水沟

图 2-4

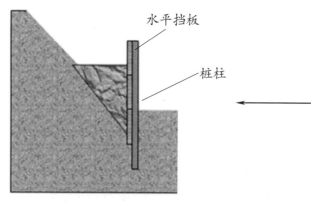

水平挡板
桩柱

图 2-3

短桩横隔支撑：开挖宽度较大的基坑，当部分地段放坡不足时，打入小短木桩，一半露出地面，一半打入地下，地上部分背面钉上横板，在背面填土（见图 2-3）

临时挡土墙支撑：开挖宽度较大的基坑，当部分地段放坡不足时，坡角用砖石堆砌或用草袋装土叠砌使其保持稳定（见图 2-4）

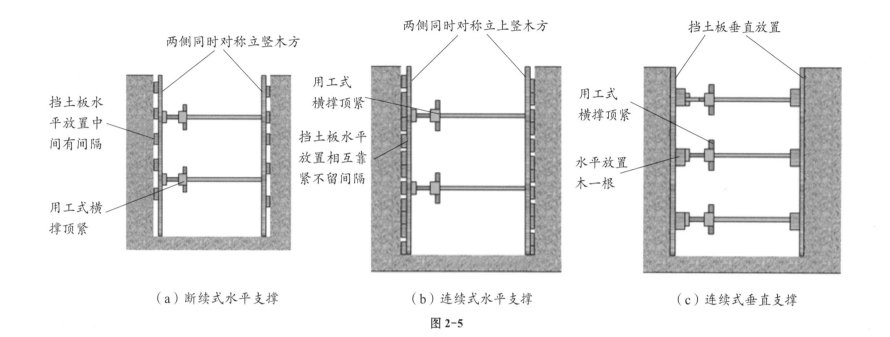

（a）断续式水平支撑   （b）连续式水平支撑   （c）连续式垂直支撑

图 2-5

  施工现场人工开挖的狭窄基槽，深度较大或土质条件较差，可能存在边坡塌方危险时必须采取支护措施，支护结构应有足够的稳定性，支护结构应符合设计要求。基坑支护结构必须经设计计算确定，支护结构产生的变形应在设计允许范围内。变形达到预警值时，应立即采取有效的控制措施。支撑形式见图 2-5

2.3 安全防护

开挖深度超过 2m 的基坑周边必须安装防护栏杆。防护栏杆高度不低于 1.2m；防护栏杆应由横杆及立柱组成；横杆应设置 2 ~ 3 道；防护栏杆宜加挂密目安全网和挡脚板，安全网应自上而下封闭设置；防护栏杆应安装牢固，材料应有足够的强度。基坑内宜设置供施工人员上下用的梯道。梯道应设扶手栏杆，梯道宽度不应小于 1m（见图 2-6 ~ 图 2-8）

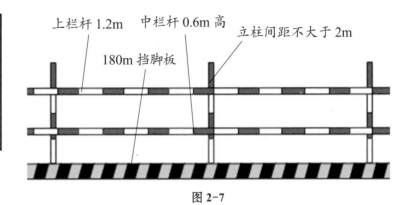

图 2-7

图 2-6

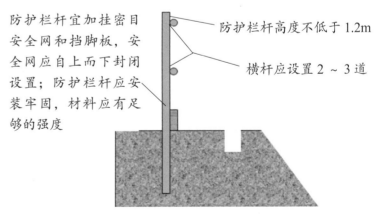

图 2-8

2.4 降排水

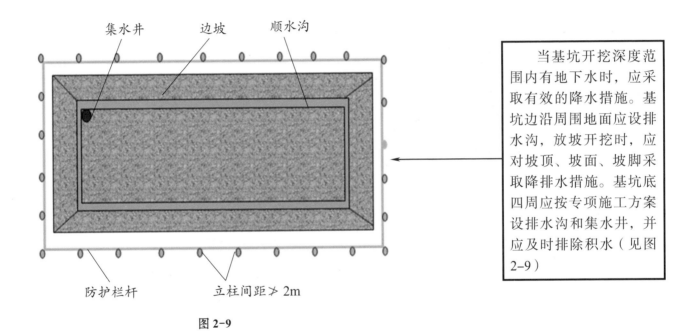

集水井　边坡　顺水沟

当基坑开挖深度范围内有地下水时，应采取有效的降水措施。基坑边沿周围地面应设排水沟，放坡开挖时，应对坡顶、坡面、坡脚采取降排水措施。基坑底四周应按专项施工方案设排水沟和集水井，并应及时排除积水（见图2-9）

防护栏杆　立柱间距≮2m

图 2-9

2.5　基坑开挖

图 2-10

土方开挖必须按专项施工方案进行，并应遵循分层、分段、均衡挖土，保证土体受力均衡和稳定。机械在软土场地作业应采用铺设砂石、铺垫钢板等硬化措施，防止机械发生倾覆事故（见图 2-10）

2.6　坑边荷载

基坑边堆置土、料具等荷载应在基坑支护设计允许范围内，施工机械与基坑边沿的安全距离应符合设计要求（见图 2-11）

图 2-11

2.7 基坑监测

基坑开挖前应作出系统的基坑开挖监测方案，监测方案应包括监控目的、监测项目、监控报警值、监测方法及精度要求、监测点的布置、监测周围、工序管理和记录制度以及信息反馈系统等。监测的时间间隔应根据施工进度确定。当监测结果变化速率较大时，应加密观测次数；基坑开挖监测工程中，应根据设计要求提交阶段监测报告。报告内容包括工程概况，监测项目和各监测点的平面及立面布置图，采用仪器设备和监测方法，监测数据处理方法和监测结果过程曲线，监测结果评价

2.8 作业环境

配合机械设备作业的人员，应在机械设备的回转半径以外工作；当在回转半径内作业时，必须有专人协调指挥。基坑支护应尽量避免在同一垂直作业面的上下层同时作业。如果必须同时作业，须在上下层之间设置隔离防护措施。施工作业所需脚手架的搭设应符合相关安全规范要求。在脚手架上进行施工作业时，架下不得有人作业、停留及通行。在电力、通信、燃气、上下水等管线 2m 范围内挖土时，应采取安全保护措施，并应设专人监护；施工作业区域应采光良好，当光线较弱时应设置有足够照度的光源

2.9 应急预案

基坑工程应按规范要求结合工程施工过程中可能出现的支护变形、漏水等影响基坑工程安全的不利因素制定应急预案；

应急组织机构应健全，应急的物资、材料、工具、机具等品种、规格、数量应满足应急的需要，并应符合应急预案的要求

3 模板支架

3.1 施工方案

模板施工方案

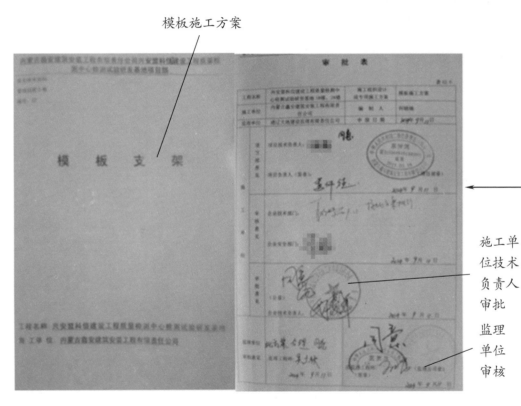

图 3-1

施工单位技术负责人审批

监理单位审核

专项施工方案应当包括以下内容：

（一）编制说明及依据：相关法律、法规、规范性文件、标准、规范及图纸、施工组织设计等。

（二）工程概况：高大模板工程特点、施工平面及立面布置、施工要求和技术保证条件，具体明确支模区域、支模标高、高度、支模范围内的梁截面尺寸、跨度、板厚、支撑的地基情况等。

（三）施工计划：施工进度计划、材料与设备计划等。

（四）施工工艺技术：高大模板支撑系统的基础处理、主要搭设方法、工艺要求、材料的力学性能指标、构造设置以及检查、验收要求等。

（五）施工安全保证措施：模板支撑体系搭设及混凝土浇筑区域管理人员组织机构、施工技术措施、模板安装和拆除的安全技术措施、施工应急救援预案，模板支撑系统在搭设、钢筋安装、混凝土浇捣过程中及混凝土终凝前后模板支撑体系位移的监测监控措施等。

（六）劳动力计划：包括管理人员、特种作业人员、作业人员进场计划。

（七）计算书及相关图纸（见图 3-1）

施工单位应当在危险性较大的分部分项工程施工前编制专项方案。

危险性较大的分部分项工程范围：

（一）各类工具式模板工程：包括大模板、滑模、爬模、飞模等工程。

（二）混凝土模板支撑工程：搭设高度5m及以上，搭设跨度10m及以上，施工总荷载10kN/m^{2}及以上，集中线荷载15kN/m及以上，高度大于支撑水平投影宽度且相对独立无联系构件的混凝土模板支撑工程。

（三）承重支撑体系：用于钢结构安装等满堂支撑体系。

超过一定规模的危险性较大的分部分项工程范围：

（一）工具式模板工程：包括滑模、爬模、飞模工程。

（二）混凝土模板支撑工程：搭设高度8m及以上，搭设跨度18m及以上，施工总荷载15kN/m^{2}及以上；集中线荷载20kN/m及以上。

（三）承重支撑体系：用于钢结构安装等满堂支撑体系，承受单点集中荷载700kg以上。

对于超过一定规模的危险性较大的分部分项工程，施工单位应当组织专家对专项方案进行论证。下列人员应当参加专家论证会：

专家组成员，建设单位项目负责人或技术负责人，监理单位项目总监理工程师及相关人员，施工单位分管安全的负责人、技术负责人、项目负责人、项目技术负责人、专项方案编制人员、项目专职安全管理人员，勘察、设计单位项目技术负责人及相关人员。

专家组成员应当由5名及以上符合相关专业要求的专家组成。本项目参建各方的人员不得以专家身份参加专家论证会。专家论证的主要内容包括：方案是否依据施工现场的实际施工条件编制，方案、构造、计算是否完整、可行；方案计算书、验算依据是否符合有关标准规范；安全施工的基本条件是否符合现场实际情况。

对承重杆件的外观抽检数量不得低于搭设用量的30%，发现质量不符合标准、情况严重的，要进行100%的检验，并随机抽取外观检验不合格的材料（由监理见证取样）送法定专业检测机构进行检测。

项目负责人组织验收，包括施工单位和项目两级技术人员、项目安全、质量、施工人员，监理单位的总监和专业监理工程师。验收合格，经施工单位项目技术负责人及项目总监理工程师签字后，方可进入后续工序的施工。搭设高大模板支撑架体的作业人员必须经过培训，取得建筑施工脚手架特种作业操作资格证书

3.2 支架基础

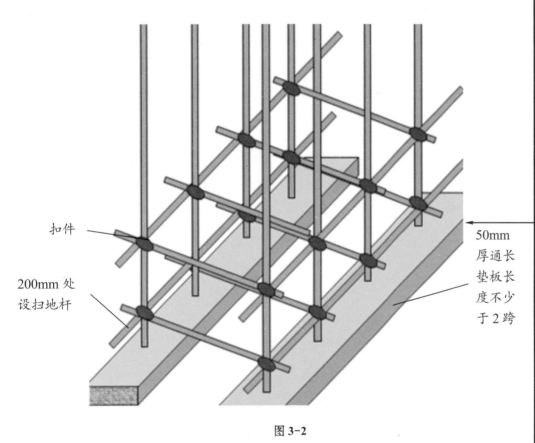

扣件

200mm 处
设扫地杆

50mm
厚通长
垫板长
度不少
于 2 跨

图 3-2

　　每根立杆底部宜设置底座或垫板。脚手架必须设置纵、横向扫地杆。纵向扫地杆应采用直角扣件固定在距钢管底端不大于 200mm 处的立杆上。横向扫地杆应采用直角扣件固定在紧靠纵向扫地杆下方的立杆上。应清除搭设场地杂物，平整搭设场地，并应使排水畅通。立杆垫板底座底面标高宜高于自然地坪 50 ～ 100mm，底座、垫板均应准确地放在定位线上；垫板应采用长度不少于 2 跨、厚度不小于 50mm、宽度不小于 200mm 的木垫板。模板安装应按设计与施工说明书顺序拼装。木杆、钢管、门架等支架立柱不得混用。竖向模板和支架立柱支承部分安装在基土上时，应加设垫板，垫板应有足够强度和支承面积，且应中心承载。基土应坚实，并应有排水措施。对湿陷性黄土应有防水措施；对特别重要的结构工程可采用混凝土、打桩等措施防止支架柱下沉。对冻胀性土应有防冻融措施。当满堂或共享空间模板支架立柱高度超过 8m 时，若地基土达不到承载要求，无法防止立柱下沉，则应先施工地面下的工程，再分层回填夯实基土，浇筑地面混凝土垫层，达到强度后方可支模。模板及其支架在安装过程中，必须设置有效防倾覆的临时固定设施（见图 3-2）

3.3 支架构造

梁和板的立柱，其纵、横向间距应相等或成倍数。在立柱底距地面 200mm 高处，沿纵、横水平方向应按纵下横上的程序设扫地杆。纵向水平杆应设置在立杆内侧，单根杆长度不应小于 3 跨；纵向水平杆接长应采用对接扣件连接或搭接，并应符合下列规定：两根相邻纵向水平杆的接头不应设置在同步或同跨内；不同步或不同跨两个相邻接头在水平方向错开的距离不应小于 500mm；各接头中心至最近主节点的距离不应大于纵距的 1/3，搭接长度不应小于 1m，应等间距设置 2 个旋转扣件固定；端部扣件盖板边缘至搭接纵向水平杆杆端的距离不应小于 100mm（见图 3-3）

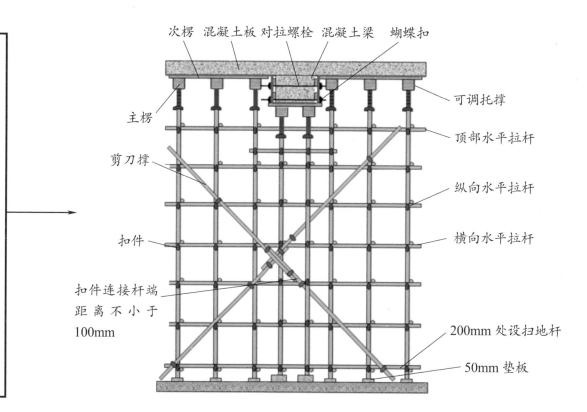

次楞　混凝土板　对拉螺栓　混凝土梁　蝴蝶扣

主楞

可调托撑

剪刀撑

顶部水平拉杆

扣件

纵向水平拉杆

横向水平拉杆

扣件连接杆端距离不小于 100mm

200mm 处设扫地杆

50mm 垫板

图 3-3

27

可调支托底部的立柱顶端应沿纵、横向设置一道水平拉杆。扫地杆与顶部水平拉杆之间的间距，在满足模板设计所确定的水平拉杆步距要求条件下，进行平均分配确定步距后，在每一步距处纵、横向应各设一道水平拉杆。当层高在 8～20m 时，在最顶步距两水平拉杆中间应加设一道水平拉杆；当层高大于 20m 时，在最顶两步距水平拉杆中间应分别增加一道水平拉杆。所有水平拉杆的端部均应与四周建筑物顶紧顶牢。无处可顶时，应在水平拉杆端部和中部沿竖向设置连续式剪刀撑（见图 3-4）

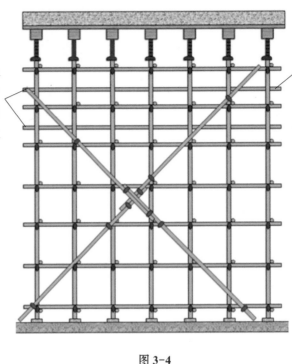

当层高大于 20m 时，在最顶两步距水平拉杆中间应分别增加一道水平拉杆

当层高在 8～20m 时，在最顶步距两水平拉杆中间应加设一道水平拉杆

图 3-4

外侧立面设置竖向剪刀撑

剪刀撑与地面夹角为 45°～60°

　　满堂模板和共享空间模板支架立柱，在外侧周围圈应设由下至上的竖向连续式剪刀撑（见图 3-5）

图 3-5

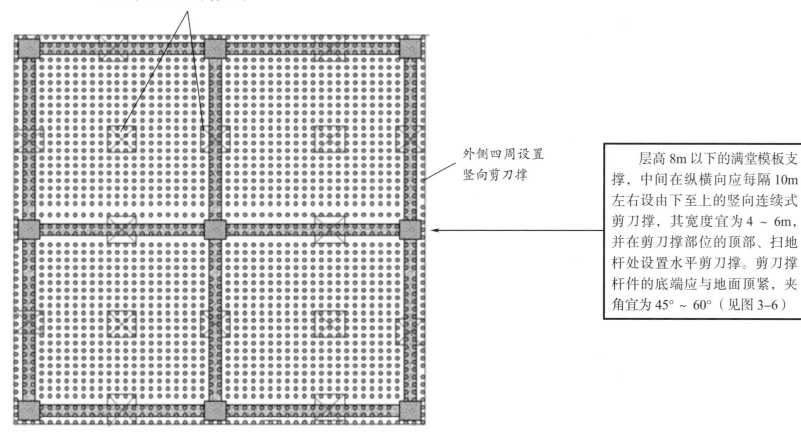

每隔10m左右设竖向连续剪刀撑，并在剪刀撑部位的顶部、扫地杆处设置水平剪刀撑

外侧四周设置竖向剪刀撑

层高 8m 以下的满堂模板支撑，中间在纵横向应每隔10m左右设由下至上的竖向连续式剪刀撑，其宽度宜为 4～6m，并在剪刀撑部位的顶部、扫地杆处设置水平剪刀撑。剪刀撑杆件的底端应与地面顶紧，夹角宜为 45°～60°（见图 3-6）

图 3-6

层高 8 ~ 20m 的满堂模板支撑，中间在纵横向应每隔 10m 左右设由下至上的竖向连续式剪刀撑，其宽度宜为 4 ~ 6m，并在剪刀撑部位的顶部、扫地杆处设置水平剪刀撑。剪刀撑杆件的底端应与地面顶紧，夹角宜为 45° ~ 60°。当建筑层高在 8 ~ 20m 时，除应满足上述规定外，还应在纵、横向相邻的两竖向连续式剪刀撑之间增加之字斜撑，在有水平剪刀撑的部位，应在每个剪刀撑中间处增加一道水平剪刀撑（见图 3-7）

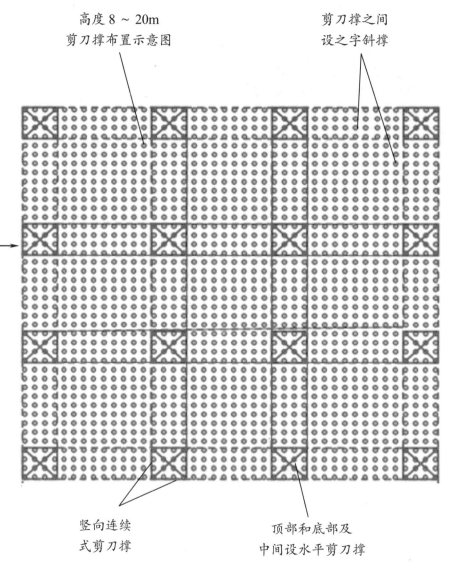

高度 8 ~ 20m
剪刀撑布置示意图

剪刀撑之间
设之字斜撑

竖向连续
式剪刀撑

顶部和底部及
中间设水平剪刀撑

图 3-7

30

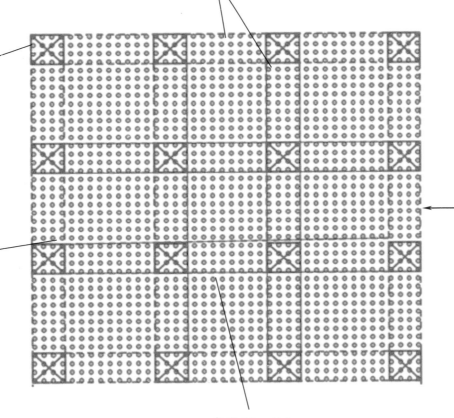

剪刀撑之间设
连续竖向剪刀撑

竖向连续
式剪刀撑

顶部和底
部及中间
设水平剪
刀撑

高度 20m 以上
剪刀撑布置示意图

层高 8m 以下的满堂模板支撑中间在纵横向应每隔 10m 左右设由下至上的竖向连续式剪刀撑，其宽度宜为 4 ~ 6m，并在剪刀撑部位的顶部、扫地杆处设置水平剪刀撑。剪刀撑杆件的底端应与地面顶紧，夹角宜为 45°~ 60°。当建筑层高在 8 ~ 20m 时，除应满足上述规定外，还应在纵横向相邻的两竖向连续式剪刀撑之间增加之字斜撑，在有水平剪刀撑的部位，应在每个剪刀撑中间处增加一道水平剪刀撑。当建筑层高超过 20m 时，在满足以上规定的基础上，应将所有之字斜撑全部改为连续式剪刀撑（见图 3-8）

图 3-8

木立柱底部应设垫木，顶部应设支撑头。木立柱的扫地杆、水平拉杆、剪刀撑应采用40mm×50mm木条或25mm×80mm的木板条与木立柱钉牢。木立柱应选用整料，当不能满足要求时，立柱的接头不宜超过1个，并应采用对接夹板接头方式。立柱底部可采用垫块垫高，但不得采用单码砖垫高，垫高高度不得超过300mm。木立柱底部与垫木之间应设置硬木对角楔调整标高，并应用铁钉将其固定于垫木上。木立柱间距、扫地杆、水平拉杆、剪刀撑的设置应符合规范要求。严禁使用板皮替代规定的拉杆。所有单立柱支撑应位于底垫木和梁底模板的中心，并应与底部垫木和顶部梁底模板紧密接触，且不得承受偏心荷载。当仅为单排立柱时，应与单排柱的两边每隔3m加设斜支撑，且每边不得少于2根，斜支撑与地面夹角为60°（见图3-9）

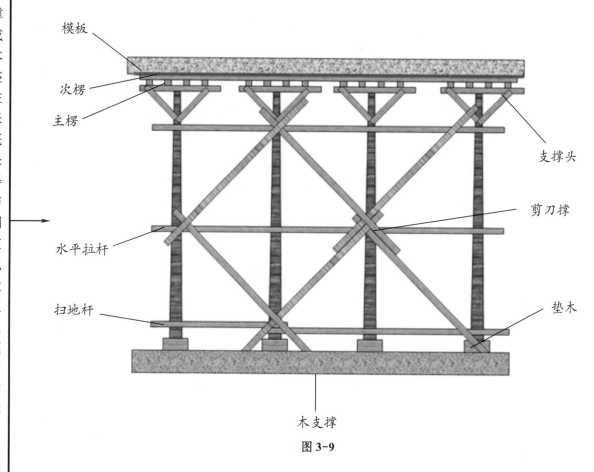

模板
次楞
主楞
支撑头
剪刀撑
水平拉杆
垫木
扫地杆
木支撑

图 3-9

32

3.4 支架稳定

顶部应设可调支托，U形支托与楞梁两侧间如有间隙，必须楔紧，其螺杆伸出钢管顶部不大于200mm，螺杆外径与立柱钢管内径的间隙不得大于3mm，安装时应保证上下同心（见图3-10）

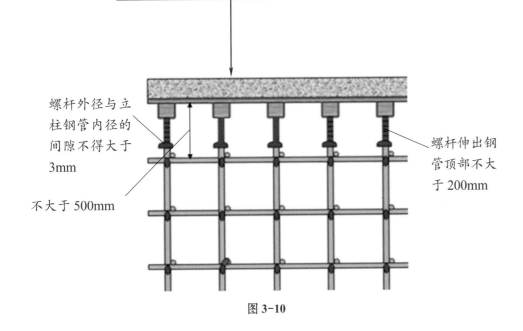

螺杆外径与立柱钢管内径的间隙不得大于3mm

不大于500mm

螺杆伸出钢管顶部不大于200mm

图 3-10

3.5 施工荷载

模板及其支架的设计应具有足够的承载能力、刚度和稳定性，应能可靠地承受新浇混凝土的自重、侧压力和施工过程中所产生的荷载及风荷载。构造应简单，装拆方便，便于钢筋的绑扎、安装和混凝土的浇筑、养护。混凝土梁的施工应采用从跨中向两端对称进行分层浇筑，每层厚度不得大于400mm。

当验算模板及其支架在自重和风荷载作用下的抗倾覆稳定性时，应符合相应材质结构设计规范的规定

3.6 交底与验收

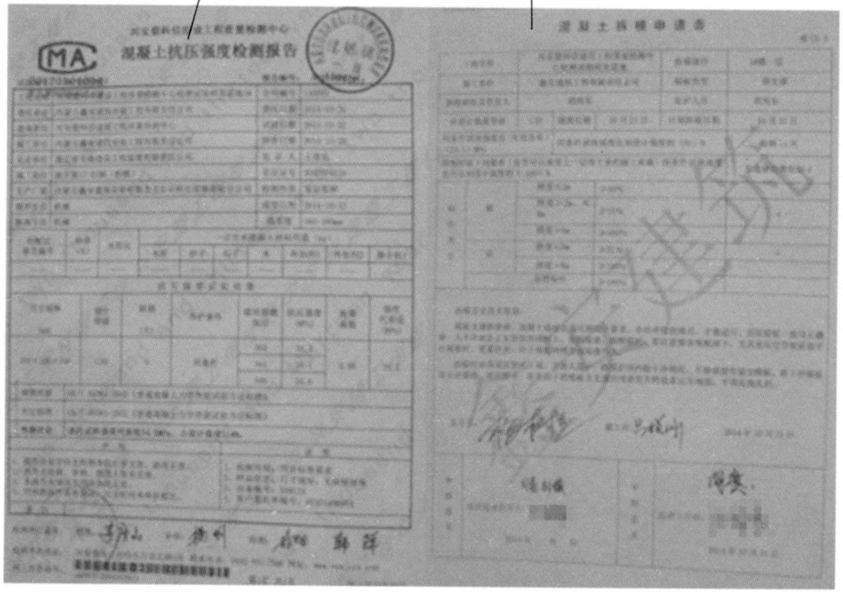

混凝土试压报告

混凝土拆模申请表

模板验收记录

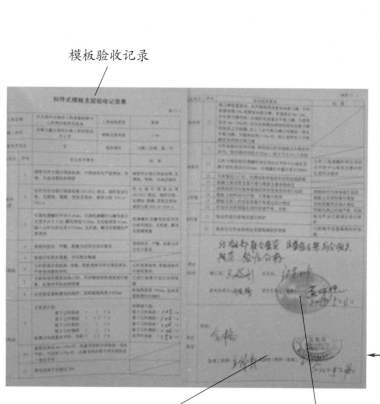

现场监理和总监理工程师签章　施工单位施工员、安全员、技术负责人、项目经理签章

图 3-11

图 3-12

支架搭设和拆除前，应先对混凝土进行试压合格后（见图 3-12）经申请批准后，对施工人员进行安全技术交底，交底应有文字记录。支架搭设完毕，应组织相关人员对支架搭设质量进行全面验收，验收应有量化内容及文字记录，并应有责任人签字确认（见图 3-11）

3.7 杆件连接

模板支架的立杆接长应采用对接，相邻立杆接头应按照规范要求错开布置，模板支架的立杆严禁采用搭接接长使用，以防造成杆件偏心受力及扣件螺栓受剪切破坏。水平杆件应根据选用架体的相应规范要求连接固定。扣件式钢管模板支架的剪刀撑，搭接长度不应小于1m，并应等间隔设置2个及以上旋转扣件固定。扣件式钢管支架各杆件扣件紧固力矩严禁小于40N·m。其他模板支架各杆件节点的连接紧固应符合规范要求（见图3-13、图3-14）

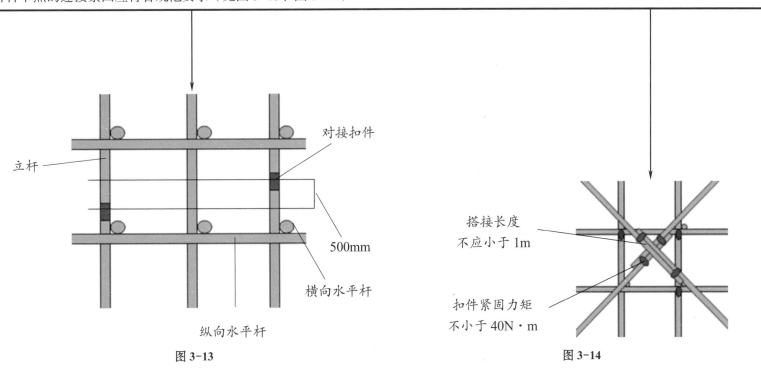

图 3-13

图 3-14

3.8　底座与托撑

现场模板支架使用的可调底座及可调托撑螺杆的直径应与立杆内径相匹配，配合间隙应符合规范要求。其螺杆伸出钢管顶部不得大于 200mm，螺杆外径与立柱钢管内径的间隙不得大于 3mm，安装时应保证上下同心，防止出现底座、托撑与立杆不同轴受力的情况发生。螺杆旋入螺母内的长度不应少于 5 倍的螺距，保证螺母与螺杆之间的连接强度，防止螺纹剪切破坏

3.9　构配件材质

木立柱的扫地杆、水平拉杆、剪刀撑应采用 40mm×50mm 木条或 25mm×80mm 的木板条与木立柱钉牢。模板支架选用的钢管的壁厚和材质应符合规范要求，扣件式钢管支架应选用 Q235 普通钢管，壁厚不宜小于 3.6mm。当钢管壁厚小于 3.6mm 并在规范允许值范围内时，在支架计算中应取最小壁厚值。其他构配件规格，型号应符合规范的要求。支架杆件的弯曲，变形和锈蚀程度应在相应规范允许范围之内

4 高处作业

4.1 安全帽

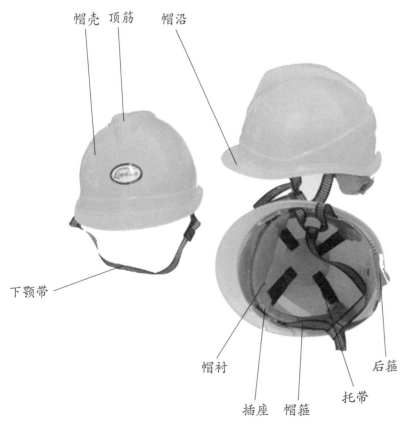

帽壳 顶筋 帽沿

下颚带

帽衬

插座 帽箍 托带 后箍

图 4-1

进入施工现场
必须戴安全帽

必须佩戴
安全帽

图 4-2

　　安全帽进入施工现场应经过验收。安全帽是防冲击的主要防护用品，每顶安全帽上都应有制造厂名称、商标、型号、许可证号、检验部门批量验证及工厂检验合格证，佩戴安全帽时必须系紧下颚帽带，防止安全帽掉落，必要时可以进行复检。人员进入施工现场都应该佩戴安全帽（见图 4-1、图 4-2）

4.2 安全网

图 4-3

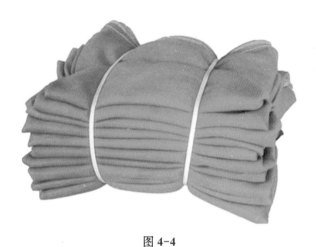

图 4-4

安全立网绑扎在立杆内侧用来阻止人和物的坠落。安全网进入施工现场应经过验收，重点检查安全网的材质及使用情况：每张安全网出厂前，必须有国家制定的监督检验部门批量验证和工厂检验合格证。纺织密度及防火等级符合相关要求（见图4-3、图4-4）

4.3 安全带

安全带有双背式、简易全身式安全带、五点式安全带、带护腰全身式安全带、进口全身式安全带。安全带进场必须经过验收合格后方可使用。安全带用于防止人体坠落发生，从事高处作业人员必须按规定正确佩戴使用（见图4-5）；安全带的带体上缝有永久字样的商标、合格证和检验证，合格证上注有产品名称、生产年月、拉力试验、冲击试验、制造厂名、检验员姓名等信息。

悬空进行门窗作业时，必须遵守下列规定：

一、安装门、窗、油漆及安装玻璃时，严禁操作人员站在阳台栏板上操作。门、窗临时固定，封填材料未达到强度，以及电焊时，严禁手拉门、窗进行攀登。

二、在高处外墙安装门、窗，无外脚手时，应张挂安全网。无安全网时，操作人员应系好安全带，其保险钩应挂在操作人员上方的可靠物件上。

三、进行各项窗口作业时，操作人员的重心应位于室内，不得在窗台上站立，必要时应系好安全带进行操作

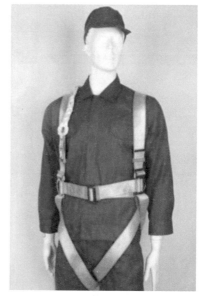

图4-5

4.4 临边防护

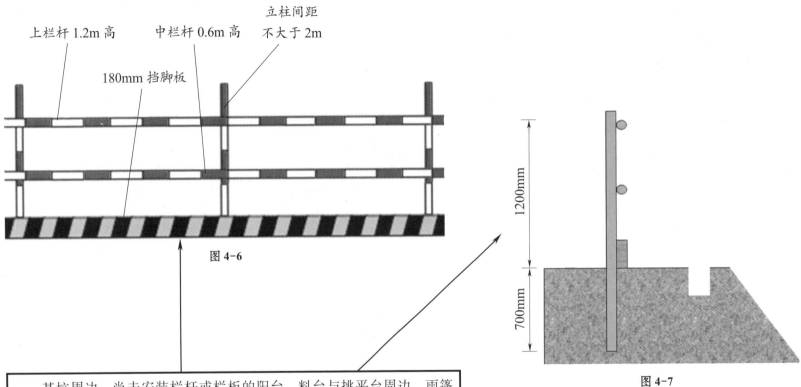

上栏杆 1.2m 高　　中栏杆 0.6m 高　　立柱间距
　　　　　　　　　　　　　　　　　不大于 2m

180mm 挡脚板

图 4-6

1200mm

700mm

图 4-7

　　基坑周边，尚未安装栏杆或栏板的阳台、料台与挑平台周边，雨篷与挑檐边，无外脚手的屋面与楼层周边及水箱与水塔周边等处，都必须设置防护栏杆。防护栏杆上栏杆高度 1.2m、中栏杆高度 0.6m，下面安装 180mm 挡脚板。临边防护栏杆应定型化、工具化、连续性；护栏要求任何部位应能承受任何方向的 1kN 的外力。当在基坑四周固定时，可采用钢管并打入地面 50 ~ 70cm 深。钢管离边口的距离不应小于 50cm。当基坑周边采用板桩时，钢管可打在板桩外侧（见图 4-6、图 4-7）

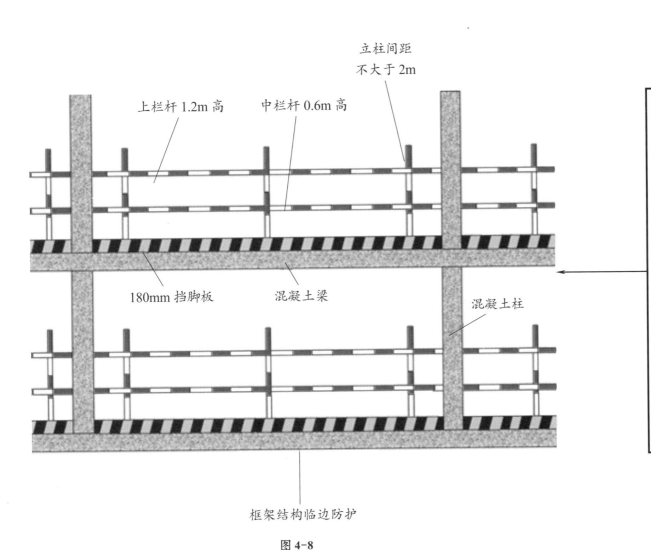

立柱间距
不大于 2m

上栏杆 1.2m 高　　中栏杆 0.6m 高

180mm 挡脚板　　　混凝土梁　　　　混凝土柱

头层墙高度超过 3.2m 的二层楼面周边，以及无外脚手的高度超过 3.2m 的楼层周边，必须在外围架设安全平网一道。分层施工的楼梯口和梯段边必须安装临时护栏。顶层楼梯口应随工程结构进度安装正式防护栏杆。防护栏杆应由上、下两道横杆及栏杆柱组成、上杆离地高度为 1.0 ～ 1.2m，下杆离地高度为 0.5 ～ 0.6m。坡度大于 1:2.2 的屋面，防护栏杆应高 1.5m，并加挂安全立网。除经设计计算外，横杆长度大于 2m 时，必须加设栏杆柱（见图 4-8）

框架结构临边防护

图 4-8

41

楼梯防护栏杆
转角处做法

楼梯临边加设
防护栏杆

钢管横杆及栏杆柱均采用 $\phi 48 \times (2.75 \sim 3.5)$ mm 的管材，以扣件或电焊固定。防护栏杆必须自上而下用安全立网封闭，或在栏杆下边设置严密固定的高度不低于18cm的挡脚板或40cm的挡脚笆。挡脚板与挡脚笆上如有孔眼，不应大于25mm。板与笆下边距离底面的空隙不应大于10mm。

接料平台两侧的栏杆必须自上而下加挂安全立网或满扎竹笆。当临边的外侧面临街道时，除防护栏杆外，敞口立面必须采取挂满安全网或其他可靠措施做全封闭处理（见图4-9）

楼层边加设
防护栏杆

主体四周加设隔离栏杆
防止人员进入作业半径

图4-9

4.5 洞口防护

板与墙的洞口必须设置牢固的盖板、防护栏杆、安全网或其他防坠落的防护设施。楼板、屋面和平台等面上短边尺寸小于25cm但大于2.5cm的孔口，必须用坚实的盖板盖严。盖板应能防止挪动移位。楼板面等处边长为25～50cm的洞口、安装预制构件时的洞口以及缺件临时形成的洞口，可用竹、木等作盖板，盖住洞口。盖板须能保持周围搁置均衡，并有固定其位置的措施。边长为50～150cm的洞口，必须设置以扣件扣接钢管而成的网格，并在其上满铺竹笆或脚手板。也可采用贯穿于混凝土板内的钢筋构成防护网，钢筋网格间距不得大于20cm（见图4-10）

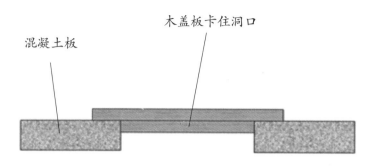

（a）小于500mm的洞口

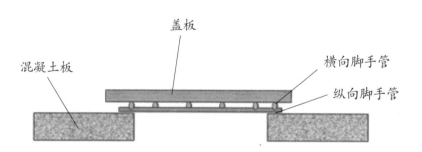

（b）500～1500mm的洞口，
用扣件扣接钢管成网格

图4-10

电梯井口设置
栅栏门

对于突出有可能造成危险的
物件实行覆盖并涂警示色

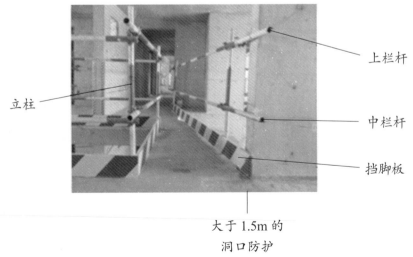

立柱

上栏杆

中栏杆

挡脚板

大于 1.5m 的
洞口防护

图 4-11

边长在150cm以上的洞口，四周设防护栏杆，洞口下张挂安全网。电梯井口必须设防护栏杆或固定栅门，电梯井内应每隔两层并最多隔10m设一道安全网。钢管桩、钻孔桩等桩孔上口，杯形、条形基础上口未填土的坑槽，以及人孔、天窗等处均应按洞口防护设置稳固的盖件。施工现场通道附近的各类洞口与坑槽等处，除设置防护设施与安全标志外，夜间还应设红灯示警。垃圾井道和烟道，应随楼层的砌筑或安装而消除洞口，或参照预留洞口作防护。管道井施工时，除按上述办理外，还应加设明显的标志。如有临时性拆移，需经施工负责人核准，工作完毕后必须恢复防护设施。墙面等处的竖向洞口，凡落地的洞口应加装开关式、工具式或固定式的防护门，门栅网格的间距不应大于15cm。也可采用防护栏杆，下设挡脚板下边沿至楼板或底面低于80cm的窗台等竖向洞口，如侧边落差大于2m时，应加设1.2m高的临时护栏（见图4-11）

4.6 通道口防护

为了防止物体打击事故，要求结构施工自二层起，凡人员进出的通道口（包括井架、施工用电梯的进出通道口）均应搭设安全防护棚。高度超过24m的层次上的交叉作业，应设双层防护。

通道口防护应具有严密性、牢固性的特点；顶部采用50mm木脚手板铺设，两侧封闭密目式安全网。

由于上方施工可能坠落物件或处于起重机把杆回转范围之内的通道，在其受影响的范围内，必须搭设顶部能防止穿透的双层防护廊。

工具式防护棚采用400mm工字钢作为防护棚立柱，160mm工字钢作为梁，上有10mm钢板作双层硬防护。防护棚基础应稳固坚实（见图4-12）

（a）进入建筑的安全通道

（b）转角处设警示贴

（c）木工防护棚

（d）钢筋防护棚

图 4-12

4.7 攀登作业

攀登的用具，结构构造上必须牢固可靠。供人上下的踏板，其使用荷载不应大于 1100N。当梯面上有特殊作业，重量超过上述荷载时，应按实际情况加以验算。移动式梯子均应按现行的国家标准验收其质量。梯脚底部应坚实，不得垫高使用。梯子的上端应有固定措施。立梯工作角度以 75°±5° 为宜，踏板上下间距以 30cm 为宜，不得有缺档。折梯使用时上部夹角以 35°~45° 为宜，铰链必须牢固，并应有可靠的拉撑措施。作业人员应从规定的通道上下，不得在阳台之间等非规定通道进行攀登，也不得任意利用吊车臂架等施工设备进行攀登。上下梯子时，必须面向梯子，且不得手持器物（见图 4-13）

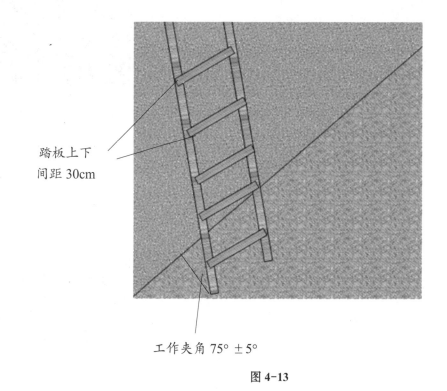

踏板上下间距 30cm

工作夹角 75°±5°

图 4-13

46

4.8 悬空作业

悬空作业处应有牢靠的立足处，并必须视具体情况，配置防护栏网、栏杆或其他安全设施。悬空作业所用的索具、脚手板、吊篮、吊笼、平台等设备，均需经过技术鉴定或检证方可使用。钢结构的吊装，构件应尽可能在地面组装，并应搭设进行临时固定、电焊、高强螺栓连接等工序的高空安全设施，随构件同时上吊就位。拆卸时的安全措施，亦应一并考虑和落实。高空吊装预应力钢筋混凝土屋架、桁架等大型构件前，也应搭设悬空作业中所需的安全设施。悬空安装大模板、吊装第一块预制构件、吊装单独的大中型预制构件时，必须站在操作平台上操作。吊装中的大模板和预制构件以及石棉水泥板等屋面板上，严禁站人和行走。安装管道时必须有已完结构或操作平台为立足点，严禁在安装的管道上站立和行走。支模应按规定的作业程序进行，模板未固定前不得进行下一道工序。严禁在连接件和支撑件上攀登上下，并严禁在上下同一垂直面上装、拆模板。结构复杂的模板，装、拆应严格按照施工组织设计的措施进行。支设高度在3m以上的柱模板，四周应设斜撑，并应设立操作平台。低于3m的可使用马凳操作。支设悬挑形式的模板时，应有稳固的立足点。支设临空构筑物模板时，应搭设支架或脚手架。模板上有预留洞时，应在安装后将洞盖严。混凝土板上拆模后形成的临边或洞口，应按本规范有关章节进行防护。拆模高处作业，应配置登高用具或搭设支架。绑扎钢筋和安装钢筋骨架时，必须搭设脚手架和马道。绑扎圈梁、挑梁、挑檐、外墙和边柱等钢筋时，应搭设操作台和张挂安全网。悬空大梁钢筋的绑扎，必须在满铺脚手板的支架或操作平台上操作。绑扎立柱和墙体钢筋时，不得站在钢筋骨架上或攀登骨架上下。3m以内的柱钢筋，可在地面或楼面上绑扎，整体竖立。绑扎3m以上的柱钢筋，必须搭设操作平台。浇筑离地2m以上框架、过梁、雨篷和小平台时，应设操作平台，不得直接站在模板或支撑件上操作。浇筑拱形结构，应自两边拱脚对称地相向进行。浇筑储仓，下口应先行封闭，并搭设脚手架以防人员坠落。特殊情况下如无可靠的安全设施，必须系好安全带并扣好保险钩，或架设安全网。进行预应力张拉时，应搭设站立操作人员和设置张拉设备用的牢固可靠的脚手架或操作平台。预应力张拉区域应标明显的安全标志，禁止非操作人员进入。张拉钢筋的两端必须设置挡板。挡板应距所张拉钢筋的端部1.5～2m，且应高出最上一组张拉钢筋0.5m，其宽度应距张拉钢筋两外侧各不小于1m。孔道灌浆应按预应力张拉安全设施的有关规定进行。安装门、窗、油漆及安装玻璃时，严禁操作人员站在樘子、阳台栏板上操作。门、窗临时固定，封填材料未达到强度，以及电焊时，严禁手拉门、窗进行攀登。在高处外墙安装门、窗，无脚手时，应张挂安全网。无安全网时，操作人员应系好安全带，其保险钩应挂在操作人员上方的可靠物件上。进行各项窗口作业时，操作人员的重心应位于室内，不得在窗台上站立，必要时应系好安全带进行操作

4.9 移动式操作平台

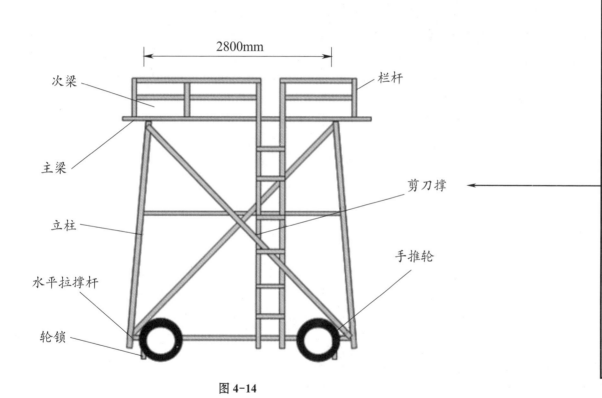

图 4-14

2800mm

次梁
栏杆
主梁
剪刀撑
立柱
手推轮
水平拉撑杆
轮锁

　　操作平台应由专业技术人员按现行的相应规范进行设计，计算书及图纸应编入施工组织设计。操作平台的面积不应超过 10m²。高度不应超过 5m。还应进行稳定验算，并采取措施减少立柱的长细比。装设轮子的移动式操作平台，轮子与平台的接合处应牢固可靠，立柱底端离地面不得超过 80mm。操作平台可采用 ϕ（48～51）×3.5mm 钢管以扣件连接，亦可采用门架式或承插式钢管脚手架部件，按产品使用要求进行组装。平台的次梁，间距不应大于 40cm；台面应满铺 3cm 厚的木板或竹笆。操作平台四周必须按临边作业要求设置防护栏杆，并应布置登高扶梯（见图 4-14）

4.10 悬挑式物料钢平台

悬挑式钢平台应按现行的相应规范进行设计，其结构构造应能防止左右晃动，计算书及图纸应编入施工组织设计。悬挑式钢平台的搁支点与上部拉结点，必须位于建筑物上，不得设置在脚手架等施工设备上。斜拉杆或钢丝绳，构造上宜两边各设前后两道，两道中的每一道均应作单道受力计算。应设置4个经过验算的吊环。吊运平台时应使用卡环，不得使吊钩直接钩挂吊环。吊环应用甲类3号沸腾钢制作。钢平台安装时，钢丝绳应采用专用的挂钩挂牢，采取其他方式时卡头的卡子不得少于3个。建筑物锐角利口围系钢丝绳处应加衬软垫物，钢平台外口应略高于内口。钢平台左右两侧必须装置固定的防护栏杆。钢平台吊装，需待横梁支撑点电焊固定，接好钢丝绳，调整完毕，经过检查验收，方可松卸起重吊钩，上下操作。钢平台使用时，应有专人进行检查，发现钢丝绳有锈蚀损坏应及时调换。焊缝脱焊应及时修复（见图4-15）

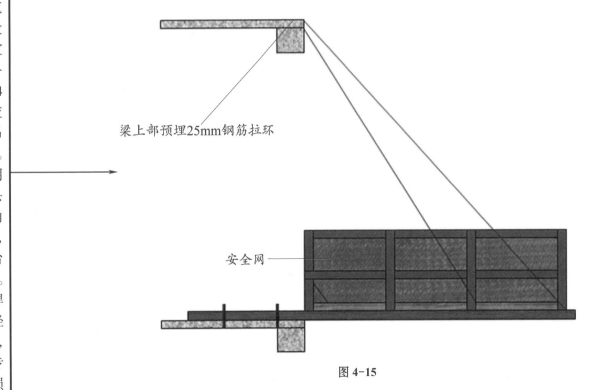

梁上部预埋25mm钢筋拉环

安全网

图 4-15

5 高处作业吊篮

5.1 施工方案及各主体的相关责任

要求安装、拆除高处作业吊篮，应根据工程结构、施工环境等特点编制专项施工方案，吊篮的支撑悬挂机构应经设计计算，专项施工方案经审批后实施。

租赁单位：吊篮租赁单位应依法取得营业执照；制定各项安全生产管理制度和操作规程；建立健全吊篮专项安拆、使用和维修等情况的管理记录档案；安装、拆卸人员应持有建设行政主管部门颁发的特种作业人员操作资格证；出租吊篮时，应当与使用单位签订租赁合同、安全管理协议，明确各自的安全责任。租赁合同中应当明确定期保养的具体时间、责任人、保养检查项目等内容。吊篮的安装和拆卸（包括二次移位）工作应当由租赁单位负责。

总承包单位：安全责任不因工程分包行为而转移；施工总承包单位要审查出租单位的营业执照、吊篮的产品合格证、产品检验报告和每台吊篮的管理记录档案；审核安装、拆卸专项施工方案，审查安装、拆卸人员的资格证书，审查吊篮使用人员的教育培训记录；组织吊篮租赁单位、使用单位、监理单位对安装后的吊篮进行验收。

使用单位：使用单位对吊篮安全使用负责；根据不同工程结构、作业环境以及季节、气候的变化，对吊篮采取相应的安全措施，并做好日常检查工作；督促吊篮租赁单位对吊篮进行检查和维修保养；审查租赁单位的营业执照，吊篮的出厂合格证及产品检验报告；审查安装、拆卸专项施工方案；审查安装、拆卸人员的资格证书；对吊篮操作人员进行岗前和日常教育培训，教育应有记录并经被培训人员签字确认；使用单位不得转租吊篮。

监理单位：监理单位对吊篮安全使用负监理责任；负责审核吊篮的相关产品技术资料和吊篮安装、拆卸作业人员的证件，审核吊篮的安装、拆卸专项方案；监督检查吊篮的安装、拆卸及使用情况，对发现存在生产安全事故隐患的，应当要求施工总承包单位和使用单位限期整改或暂停使用，对拒不整改的，及时向建设单位和建设主管部门报告

5.2 安全装置

安全锁或具有相同作用的独立安全装置的功能应满足：

对离心触发式安全锁，悬吊平台运行速度达到安全锁锁绳速度时，即能自动锁住安全钢丝绳，使悬吊平台在200mm范围内停住；

对摆臂防倾斜式安全锁，悬吊平台工作时纵向倾斜角度不大于8°时，能自动锁住并停止运行；

安全锁或具有相同作用的独立安全装置，在锁绳状态下应不能自动复位。

安全锁必须在有效标定期限内使用，有效标定期限不大于一年。

保险绳：是一种独立悬挂在建筑物顶部，通过安全带的自锁器使安全带与作业人员连在一起，防止作业人员坠落时的绳索（规定为锦纶绳，绳径不少于16mm，不得使用丙纶、乙烯和麻绳）（见图5-1）

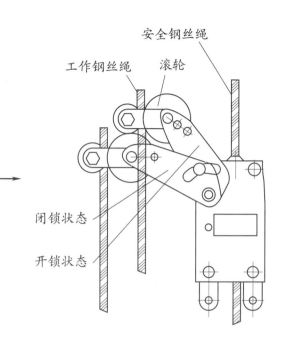

安全钢丝绳
工作钢丝绳　滚轮
闭锁状态
开锁状态

图 5-1

离心触发式
安全锁

摆臂防倾斜式
安全锁

图 5-2

离心触发式安全锁——悬吊平台运行速度达到安全锁锁绳速度（不大于30m/min）时，即能自动锁住安全钢丝绳，使悬吊平台在200mm范围内停住。

摆臂防倾斜式安全锁——悬吊平台工作时纵向倾斜角度不大于8°时，能自动锁住并停止运行。安全锁在锁绳状态下应不能自动复位。安全锁必须在有效标定期限内使用，有效标定期限不大于一年。（新出厂的安全锁自出厂之日起在12个月之内有效）（见图5-2）

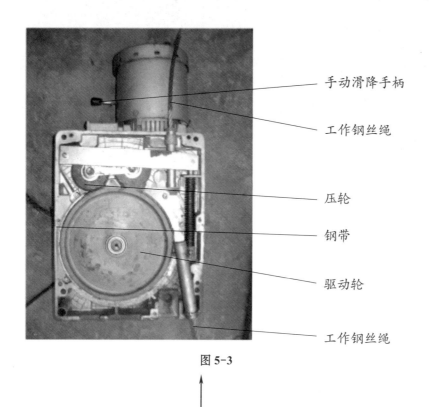

手动滑降手柄

工作钢丝绳

压轮

钢带

驱动轮

工作钢丝绳

图 5-3

离心式安全锁提升机工作原理：提升机不是收卷或释放钢丝绳，而是靠驱动轮与工作钢丝绳之间的咬合摩擦，工作时钢丝绳静止不动，驱动轮在其上爬行，从而带动提升机及悬吊平台整体提升（见图 5-3）

摆臂防倾斜式安全锁工作原理：当悬吊平台发生倾斜或工作钢丝绳断裂、松弛时，其锁绳角度探测机构（也就是摆臂）即发生角度位置变化，带动锁绳机构动作，将绳夹锁紧在安全钢丝绳上（见图 5-4）

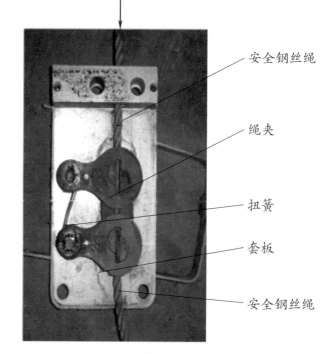

安全钢丝绳

绳夹

扭簧

套板

安全钢丝绳

图 5-4

上行程限位止挡装置
（装设在距悬挂机构前梁
80cm 高度处的安全钢丝）

上行程限位开关
（装设在安全锁的上端）

图 5-5

图 5-6

为防止悬吊平台超高冒顶，拉断工作钢丝绳，高处作业吊篮必须装设上行程限位装置（包括上行程限位开关和上行程限位止挡装置），要求能够切断提升机上升电路，鸣铃报警，此时悬吊平台只能往下运行（见图 5-5、图 5-6）

5.3 悬挂机构

悬挂机构要有足够的强度和刚度，不得有明显的变形，焊缝不得有开焊、破损现象。悬挂机构前梁外伸悬挑长度不得大于说明书规定的最大极限尺寸；前后支架间距不得小于说明书规定的最小极限尺寸；配重块数量和重量不得小于说明书规定的数量和重量，且与后支架之间的连接必须稳定可靠，固定加锁，防止被搬走或移动。悬挂机构前支架严禁架设在女儿墙上、女儿墙外或建筑物挑檐边缘，在没有经过设计计算的基础上也不应落在雨棚、空调板等非承重机构上（见图 5-7）

后梁　加强钢丝绳　中梁　前梁

配重块　后支架　前支架

图 5-7

5.4 钢丝绳

按照钢丝绳用途分为：工作钢丝绳和安全钢丝绳，成对设置，分别穿过提升机和安全锁，且要求选用的型号、规格相同。在吊篮内施焊前，应提前采用石棉布将电焊火花迸溅范围进行遮挡，防止烧毁钢丝绳，同时防止发生触电事故。钢丝绳的型号、规格应符合规范要求。

钢丝绳组装：

1. 钢丝绳分别绕在各自的索具套环上，用三个绳卡（仅适合于 18mm 以下的钢丝绳）卡紧（见图 5-8）。

2. 绳卡间的距离为 6 ~ 7 倍钢丝绳直径。

3. 绳卡滑鞍放在钢丝绳工作时受力的一侧，U 形螺栓扣在钢丝绳的尾端上。绳卡不得在钢丝绳上正反交替布置。

4. 上限位器止挡安装在距钢丝绳顶端 0.5 ~ 1m 处。

5. 绳卡选择。U 形螺栓的内径比钢丝绳直径大 1mm。

6. 安全弯。在安全绳卡前应设置安全弯。

7. 卸卡的安全使用要求：

卸卡亦称卸扣、卡环，由 U 形半环和封闭销组成，它的安全使用要求如下：

1）表面光滑，不允许有裂纹、重皮、过烧、刻划、变形、飞边和锐角。

2）不准补焊。

3）U 形半环和封闭销的磨损达到原尺寸的 10% 则报废。

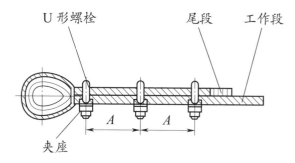

图 5-8 （钢丝绳夹的正确布置方法，引自《钢丝绳夹》GB/T 5976—2006）

表 5-1

钢丝绳公称直径（mm）	≤ 19	19 ~ 32	32 ~ 38	38 ~ 44	44 ~ 60
钢丝绳夹最少数量（组）	3	4	5	6	7

注：钢丝绳夹夹座应在受力绳头一边，每两个钢丝绳夹的间距不应小于钢丝绳直径的 6 倍。

5.5 安装作业

安装人员应持有建设行政主管部门颁发的高处作业吊篮安装拆卸工证件上岗作业。吊篮租赁单位应当编制安装、拆卸（包括移位）和使用专项施工方案，并报施工总承包、使用单位和监理单位按规定程序审核、审批；专项施工方案中应附有钢丝绳强度、悬挂机构抗倾覆受力及吊篮前后支架支撑处结构承载力计算书，附吊篮机位布置、支架设置及安全绳固定于建筑物可靠位置平面图等；施工高度 50m 及以上的建筑幕墙安装工程采用高处作业吊篮的，应将吊篮安装、拆卸方案纳入建筑幕墙安装工程方案，并经专家论证后方可实施

5.6 升降作业

未经验收合格的吊篮不得使用；吊篮进行移位的，施工总承包（使用）单位应及时书面告知监理单位，经同意后方可移位，移位后应重新组织自检和联合验收；停用 5 日以上的吊篮使用前，应当按照以上程序重新进行验收，验收合格后方可重新使用。

工具式脚手架专业施工单位应设置专业人员、安全管理人员及相应的特种作业人员。特种作业人员应专门培训，并应经建设行政主管部门考核合格，取得特种作业人员操作资格证书后，方可上岗作业。吊篮内的作业人员不应超过 2 个，在吊篮内的作业人员应佩戴安全帽，系安全带，并应将安全锁扣正确挂置在独立设置的安全绳上。吊篮正常工作时，人员应从地面进入吊篮内，不得从建筑物顶部、窗口等处或其他孔洞处出入吊篮（见图 5-9）

图 5-9

6 施 工 用 电

6.1 外电防护

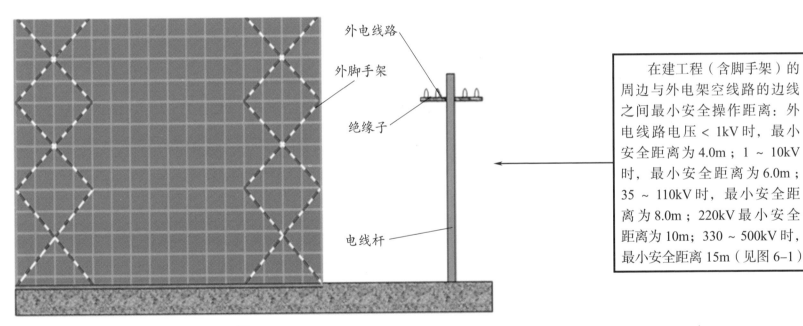

图 6-1

外电线路

外脚手架

绝缘子

电线杆

在建工程（含脚手架）的周边与外电架空线路的边线之间最小安全操作距离：外电线路电压 < 1kV 时，最小安全距离为 4.0m；1 ~ 10kV 时，最小安全距离为 6.0m；35 ~ 110kV 时，最小安全距离为 8.0m；220kV 最小安全距离为 10m；330 ~ 500kV 时，最小安全距离 15m（见图 6-1）

起重机械与架空线路边线的最小安全距离：小于 1kV 时，最小安全距离在垂直方向为 1.5m，在水平方向为 1.5m；10kV 时，最小安全距离在垂直方向为 3m，在水平方向为 2m；35kV 时，最小安全距离在垂直方向为 4m，水平方向为 3.5m；110kV 时，最小安全距离在垂直方向为 5m，在水平方向为 4m；220kV 时，最小安全距离在垂直方向为 6m，在水平方向为 6m；330kV 时，最小安全距离在垂直方向为 7m，在水平方向为 7m；500kV 时，最小安全距离在垂直方向为 8.5m，在水平方向为 8.5m。起重机械严禁越过无防护设施的架空线路，在外电架空线路附近吊装时，起重机械的任何部位或被吊物边缘在最大偏斜时与架空线路边线的最小安全距离都应符合以上的相关要求（见图 6-2）

起重机械　　　　外电线路　　绝缘子

电线杆

图 6-2

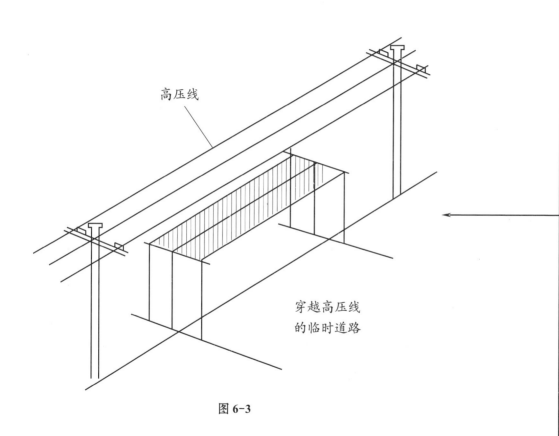

高压线

穿越高压线
的临时道路

图 6-3

　　施工现场机动车道与架空线路交叉时，外电线路电压小于 1kV 时，最小垂直距离为 6.0m；1～10kV 时，最小垂直距离为 7.0m；35kV 时，最小垂直距离为 7.0m。

　　防护设施与外电线路之间的最小安全距离，外电线路电压小于或等于 10kV 时，最小安全距离为 1.7m；35kV 时，最小安全距离为 2m；110kV 时，最小安全距离为 2.5m；220kV 时，最小安全距离为 4m；330kV 时，最小安全距离为 5m；500kV 时，最小安全距离为 6m。

　　在建工程的周边和起重机械与外电架空线路的最小安全距离满足不了要求时，必须采取绝缘隔离防护措施，并应悬挂醒目的警示标志，架设防护设施时，必须经有关部门批准，采用线路暂时停电或其他安全可靠的措施，并应有电气工程技术人员和安全管理人员监护，防护设施与外电线路之间的最小安全距离达不到要求时，必须与有关部门协商，采取停电、迁移外电线路或改变工程位置等措施，未采取以上措施严禁施工。在外电架空线路附近开挖沟槽时，必须会同有关部门采取加固措施，防止外电架空线路电杆倾倒（见图6-3）

6.2 接地与接零保护系统

要求在施工现场专用变压器供电的 TN-S 接零保护系统中，电气设备的金属外壳必须与保护零线连接。在 TN 接零保护系统中，PE 零线应单独敷设。重复接地线必须与 PE 线相连接，严禁与 N 线相连接。配电装置和电动机械相连接的 PE 线应为截面不小于 2.5mm² 的绝缘多股铜线。手持式电动工具的 PE 线应为截面不小于 1.5mm² 的绝缘多股铜线。相线、N 线、PE 线的颜色标记必须符合以下规定：相线 L1（A）、L2（B）、L3（C）相序的绝缘颜色依次为黄、绿、红色；N 线的绝缘颜色为淡蓝色；PE 线的绝缘颜色为绿/黄双色。任何情况下，上述颜色标记严禁混用和互相代用。TN 系统中的保护零线除必须在配电室或总配电箱处做重复接地外，还必须在配电系统的中间处和末端处做重复接地。在 TN 系统中，保护零线每一处重复接地装置的接地电阻值不应大于 10Ω（见图 6-4）

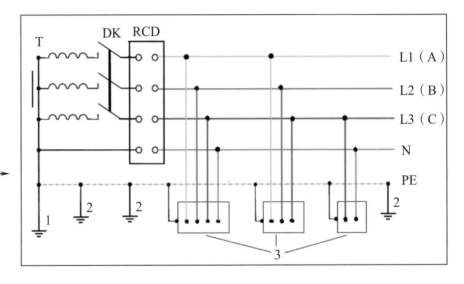

图 6-4 专用变压器供电时 TN-S 接零保护系统示意图

1—工作接地；2—PE 线重复接地；3—电气设备金属外壳（正常不带电的外露可导电部分）；L1、L2、L3—相线；N—工作零线；DK—总电源隔离开关；RCD—总漏电保护器（兼有短路、过载、漏电保护功能的漏电断路器）；T—变压器

60

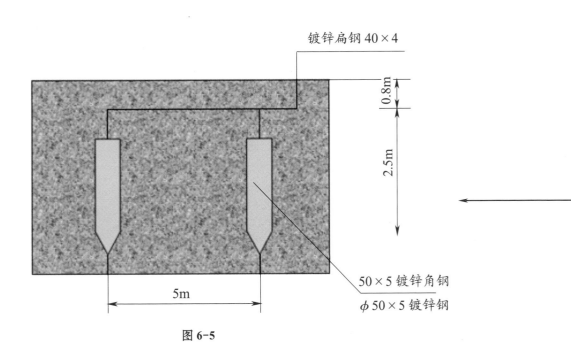

镀锌扁钢 40×4

0.8m

2.5m

5m

50×5 镀锌角钢

ϕ 50×5 镀锌钢

图 6-5

所有重复接地的等效电阻值不应大于 10Ω。每一接地装置的接地线应采用 2 根及以上导体，在不同点与接地体做电气连接。不得采用铝导体作接地体或地下接地线。垂直接地体宜采用角钢、钢管或光面圆钢，不得采用螺纹钢。建筑施工现场的临时用电工程，专用的电源中性点直接接地的 220/380V 三相四线制的低压电力系统必须采用 TN-S 系统，当施工现场与外电线路共用同一供电系统时，电气设备的接地接零保护应与原系统保持一致，不得一部分设备做保护接零，另一部分设备做保护接地。N 线的接线：工作零线必须通过总漏电保护器，通过总漏电保护器的工作零线与保护零线之间不得再做电气连接。严禁将单独敷设的工作零线再做重复接地。PE 线的接线：保护零线由工作接地线、配电室（总配电箱）、电源侧零线或总漏电保护器电源侧零线引出。PE 线上严禁装设开关或熔断器，严禁通过工作电流，且严禁断线（见图 6-5）

6.3 配电线路

线路及接头应保证绝缘强度和机械强度。导线中的计算负荷电流不大于其长期连续负荷允许载流量。电缆线路必须有短路保护和过载保护，采用熔断器或断路器做过载保护时，绝缘导线长期连续负荷允许载流量不应小于熔断器熔体额定电流或断路器长延时过流脱扣器脱扣电流整定值的1.25倍。电缆线路应采用埋地或架空敷设，严禁沿地面明设，并应避免机械损伤和介质腐蚀。电缆直接埋地敷设的深度不应小于0.7m，并应在电缆紧邻上、下、左、右侧均匀敷设不小于50mm厚的细砂，然后覆盖砖或混凝土板等硬质保护层。埋地电缆与其附近外电电缆和管沟的平行间距不得小于2m，交叉间距不得小于1m。埋地电缆的接头应设在地面上的接线盒内，接线盒应防水、防尘、防机械损伤，并应远离易燃、易爆、易腐蚀场所。架空电缆应沿电杆、支架或墙壁敷设，并采用绝缘子固定，绑扎线必须采用绝缘线，固定点间距应保证电缆能承受自重所带来的荷载，敷设高度应符合架空线路敷设高度的要求，但沿墙壁敷设时最大弧垂距地不得小于2.0m。在建工程内的电缆线路必须采用电缆埋地引入，严禁穿越脚手架引入。电缆垂直敷设应充分利用在建工程的竖井、垂直孔洞等，并宜靠近用电负荷中心，固定点每楼层不得少于一处（见图6-6）

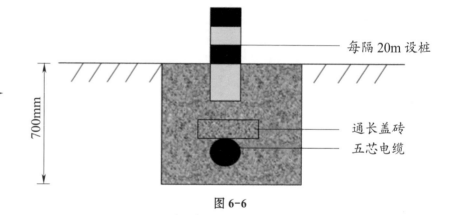

图 6-6

6.4 配电箱与开关箱

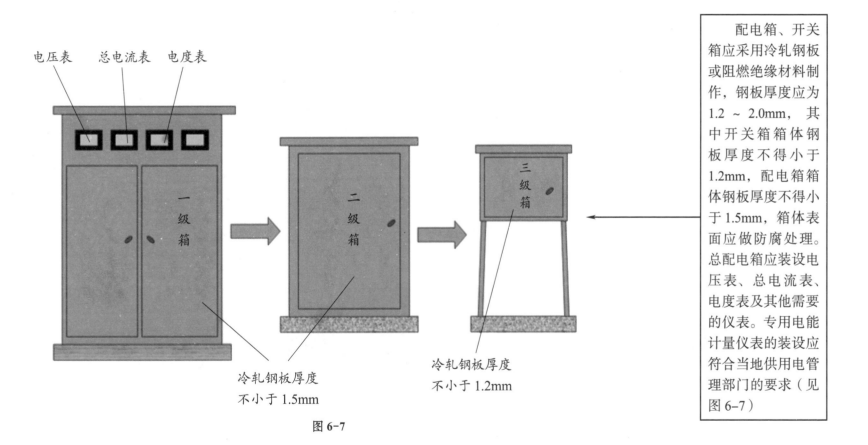

电压表　总电流表　电度表

一级箱

二级箱

三级箱

冷轧钢板厚度
不小于1.5mm

冷轧钢板厚度
不小于1.2mm

图 6-7

配电箱、开关箱应采用冷轧钢板或阻燃绝缘材料制作，钢板厚度应为1.2～2.0mm，其中开关箱箱体钢板厚度不得小于1.2mm，配电箱箱体钢板厚度不得小于1.5mm，箱体表面应做防腐处理。总配电箱应装设电压表、总电流表、电度表及其他需要的仪表。专用电能计量仪表的装设应符合当地供用电管理部门的要求（见图6-7）

总配电箱应设在靠近电源的区域，总配电箱应设有总路隔离开关、总路断路器、分路隔离开关、分路漏电保护器或设置总路隔离开关、总路漏电保护器、分路隔离开关、分路断路器。总配电箱中漏电保护器的额定漏电动作电流应大于 30mA，额定漏电动作时间应大于 0.1s，但其额定漏电动作电流与额定漏电动作时间的乘积不应大于 30mA·s。三相四线制电源进入总配电箱三根相线经过总路隔离开关、总路断路器、分路隔离开关、分路漏电保护器后至各分配电箱。N 线接入 N 线端子排，N 线端子排与箱体绝缘，从 N 线端子排进入分路漏电保护器至各分箱。N 线端子排跨接到 PE 线端子排，PE 线端子排与箱体做电气连接，由 PE 线端子排做重复接地线，重复接地体不少于两个，形成三相五线制 TN-S 配电系统。五芯电缆必须包含淡蓝、绿 / 黄两种颜色绝缘芯线。淡蓝色芯线必须用作 N 线；绿 / 黄双色芯线必须用作 PE 线，严禁混用（见图 6-8）

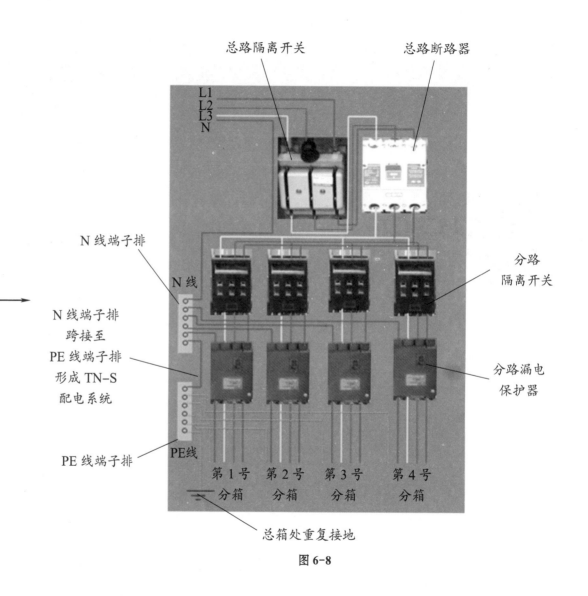

图 6-8

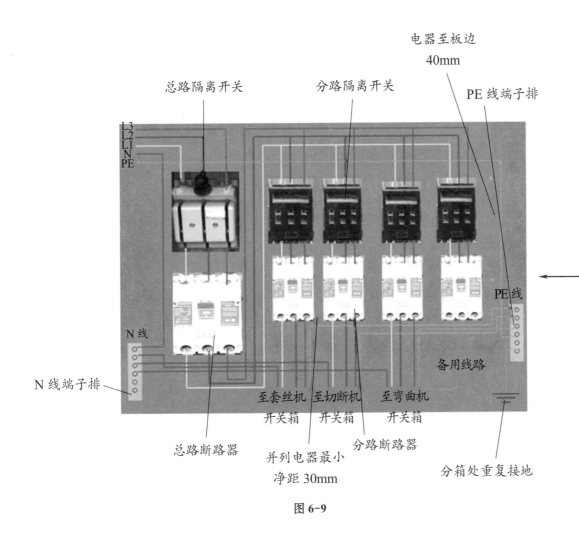

总路隔离开关　　　分路隔离开关

电器至板边
40mm

PE 线端子排

L3
L2
L1
N
PE

PE 线

N 线

N 线端子排

备用线路

总路断路器

至套丝机　至切断机　至弯曲机
开关箱　　开关箱　　开关箱

并列电器最小
净距 30mm

分路断路器

分箱处重复接地

图 6-9

　　配电箱、开关箱应装设端正、牢固。固定式配电箱、开关箱的中心点与地面的垂直距离应为 1.4～1.6m。移动式配电箱、开关箱应装设在坚固、稳定的支架上。其中心点与地面的垂直距离宜为 0.8～1.6m。配电箱的电器安装板上必须分设 N 线端子板和 PE 线端子板。N 线端子板必须与金属电器安装板绝缘；PE 线端子板必须与金属电器安装板做电气连接。进出线中的 N 线必须通过 N 线端子板连接；PE 线必须通过 PE 线端子板连接。分配电箱应设在用电设备或负荷相对集中的区域，分配电箱应设置总路隔离开关、总路断路器、分路隔离开关、分路断路器。总配电箱三相五线制电源接入分配电箱，三根相线经过总路隔离开关、总路断路器、分路隔离开关、分路断路器至各开关箱。N 线接入 N 线端子排至各开关箱。PE 线接入 PE 线端子排至各开关箱，并在 PE 线端子排处引出重复接地线，与接地体相连接，接地线应采用 2 根及以上导体，在不同点与接地体做电气连接。分配电箱与开关箱的距离不得超过 30m（见图 6-9）

分配电箱电源进入开关箱，三根相线经过隔离开关、漏电保护器至用电设备。N线经过漏电保护器至用电设备。PE线进入PE线端子排至用电设备。配电箱、开关箱的隔离开关应采用可见明显分断点的隔离开关。开关箱中漏电保护器的额定漏电动作电流不应大于30mA，额定漏电动作时间不应大于0.1s。使用于潮湿或有腐蚀介质场所的漏电保护器应采用防溅型产品，其额定漏电动作电流不应大于15mA，额定漏电动作时间不应大于0.1s。开关箱与其控制的固定式用电设备的水平距离不宜超过3m。配电箱、开关箱周围应有足够2人同时工作的空间和通道，不得堆放任何妨碍操作、维修的物品，不得有灌木、杂草（见图6-10）

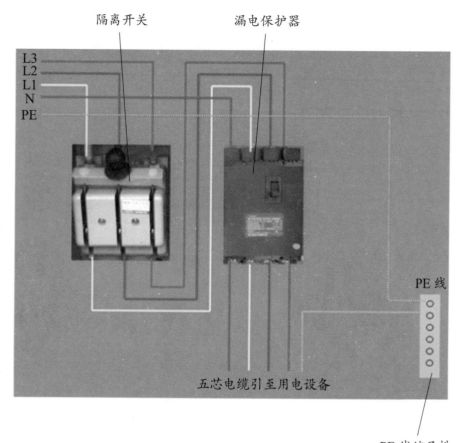

图 6-10

6.5 配电室与配电装置

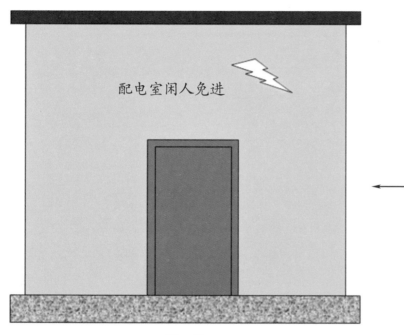

图 6-11

要求配电室应靠近电源，并应设在灰尘少、潮气少、振动小、无腐蚀介质、无易燃易爆物及道路畅通的地方。成列的配电柜和控制柜两端应与重复接地线及保护零线做电气连接。配电室和控制室应能自然通风，并应采取防止雨雪侵入和动物进入的措施（见图 6-11）

配电柜正面的操作通道宽度，单列布置或双列背对背布置不小于 1.5m，双列面对面布置不小于 2m；配电柜后面的维护通道宽度，单列布置或双列面对面布置不小于 0.8m，双列背对背布置不小于 1.5m，个别地点有建筑物结构凸出的地方，则此点通道宽度可减少 0.2m；配电柜侧面的维护通道宽度不小于 1m；配电室的顶棚与地面的距离不低于 3m；配电室内设置值班或检修室时，该室边缘距配电柜的水平距离大于 1m，并采取屏障隔离；配电室内的裸母线与地面垂直距离小于 2.5m 时，采用遮栏隔离，遮栏下面通道的高度不小于 1.9m；配电装置的上端距顶棚不小于 0.5m；配电室的建筑物和构筑物的耐火等级不低于 3 级，室内配置砂箱和可用于扑灭电气火灾的灭火器；配电器的门向外开，并配锁；配电室的照明分别设置正常照明和事故照明。配电柜的布置必须遵循安全、可靠、使用和经济等原则，并应便于安装、操作、搬运、检修、实验和监测。配电柜的上方不应铺设管道，落地式配电柜的底部宜抬高，为了防止水进入配电柜和便于施工接线，室内宜高出地面 50mm 以上，室外应高出室外地面 200mm 以上，底座周围应采取封闭措施。室内的砂箱旁必须设置铁锹等辅助灭火工具，室内配置的灭火器类型必须适用于扑灭电气火灾，消防器材设专人管理，并定期进行检查实验，保持灭火器有效（见图 6-12）

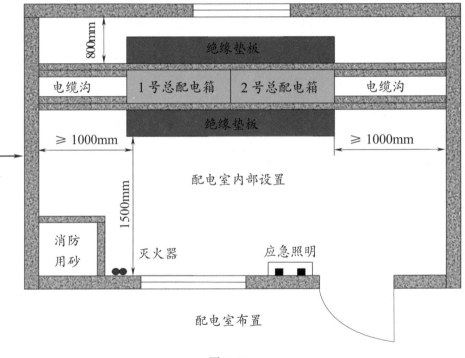

图 6-12

6.6 现场照明

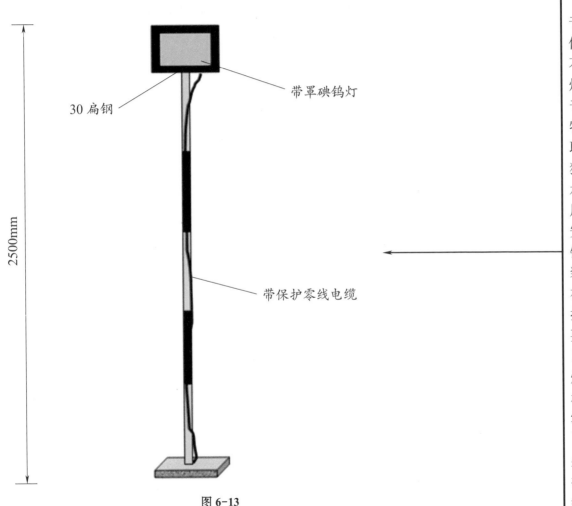

30 扁钢

带罩碘钨灯

带保护零线电缆

2500mm

图 6-13

室外 220V 灯具距地面不得低于 3m，室内 220V 灯具距地面不得低于 2.5m。普通灯具与易燃物距离不宜小于 300mm；聚光灯、碘钨灯等高热灯具与易燃物距离不宜小于 500mm，且不得直接照射易燃物。达不到规定安全距离时，应采取隔热措施。路灯的每个灯具应单独装设熔断器保护。灯头线应做防水弯。荧光灯管应采用管座固定或用吊链悬挂。荧光灯的镇流器不得安装在易燃的结构物上。碘钨灯及钠、铊、铟等金属卤化物灯具的安装高度宜在 3m 以上，灯线应固定在接线柱上，不得靠近灯具表面。投光灯的底座应安装牢固，应按需要的光轴方向将枢轴拧紧固定。螺口灯头及其接线应符合下列要求：灯头的绝缘外壳无损伤、无漏电；相线接在与中心触头相连的一端，零线接在与螺纹口相连的一端。

灯具内的接线必须牢固，灯具外的接线必须做可靠的防水绝缘包扎。暂设工程的照明灯具宜采用拉线开关控制（见图 6-13）

6.7 用电档案

要求施工现场临时用电设备在 5 台及以上或设备总容量在 50kW 及以上者，应编制用电组织设计。施工现场临时用电组织设计应包括下列内容：①现场勘测。②确定电源进线、变电所或配电室、配电装置、用电设备位置及线路走向。③进行负荷计算。④选择变压器。⑤设计配电系统：设计配电线路，选择导线或电缆。设计配电装置，选择电器；设计接地装置；绘制临时用电工程图纸，主要包括用电工程总平面图、配电装置布置图、配电系统接线图、接地装置设计图。⑥设计防雷装置。⑦确定防护措施。⑧制定安全用电措施和电气防火措施。认真学习《施工现场临时用电安全技术规范》JGJ 46—2005 中的内容，理解规范要求，并按规范要求认真执行临时用电组织设计编制步骤和基本内容，对临时用电组织设计的现场勘测工作要明白其重要意义，明确其主要内容，注重勘测实效并如实做好记录，确定现场供配电系统的方案，配电箱的位置、用电设备位置、线路敷设的方式，全面统计设备容量、选择变压器容量、导线截面积和电器的类型、规格。图纸绘制要全面、详细，符合现场实际，设计出施工现场的工作接地、重复接地、保护接地、防雷接地的施工做法。召开现场管理人员、电气工程技术人员等相关人员的安全措施讨论会，制定用电技术措施、管理措施及电气防火措施。制定外电线路及电气设备防护措施方案，制定电气火灾灭火应急救援预案、触电事故应急救援预案。临时用电组织设计必须履行编制、审核、批准程序，由电气工程技术人员组织编制，先经施工企业安全、技术部门专业技术人员审核，技术负责人批准后报监理单位现场专业监理工程师审核，总监理工程师批准后实施，并应签署审核和审批意见。变更用电组织设计时，应补充有关图纸资料，变更也应履行编审程序。临时用电工程必须经编制、审核、批准部门和使用单位共同验收，合格后可投入使用。电工必须持有建设行政主管部门颁发的特种作业人员证件上岗作业，安装、巡检、维修或拆除临时用电设备及线路应由电工完成，并有专人监护，施工现场应配备两名以上临时用电专职人员。接地电阻、绝缘电阻每月测试一次，雷雨季节增加测试频次，并填写施工电阻测试记录及施工现场绝缘电阻测试记录。漏电保护器功能试验应由专职电工每天试验一次，并填写施工现场漏电保护器功能试验记录

7 施工升降机

7.1 安全装置

图 7-1

防坠安全器有渐进式、瞬时式两种，SC 型采用渐进式安全器，不允许采用瞬时式安全器，防坠安全器只能在有效标定期内使用，安全器的有效标定期不超过一年。每台首次使用的升降机或转移工地后重新安装的升降机必须在投入使用前进行一次额定荷载的坠落试验，升降机投入正常运行后，还需每隔三个月定期进行一次这种试验，在新产品使用两年后必须进行检测（包括两年中未曾使用过的产品），经检测后方可使用，以后每满一年必须进行检测，确保升降机安全（见图 7-1）

为了限制施工升降机超载使用，施工升降机应安装超载保护装置，该装置应对吊笼内荷载和吊笼顶荷载均有效，超载保护装置应在荷载达到额定载重量的 90% 时发出明确报警信号，荷载达到额定载重量 110% 前终止吊笼启动。当吊笼在运行过程中发生各种原因的紧急情况时，司机能及时按下急停开关使吊笼立即停止，防止事故发生，急停开关必须是非自行复位的电气安全装置。缓冲弹簧在建筑施工升降机的底架上有缓冲弹簧，以便吊笼发生坠落事故时减轻吊笼的冲击，也是保证吊笼下降着地时呈柔性接触以缓冲吊笼着地时的冲击（见图 7-2）

图 7-2

7.2 限位装置

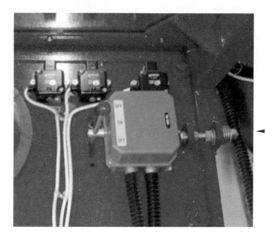

图 7-3

上、下限位器是防止吊笼上、下时超过需停位置，因司机误操作和电气故障等原因继续上升或下降，引发事故而设置。施工升降机必须设置自动复位型的上、下行程限位开关。上、下极限限位器是在上、下限位器一旦不起作用，吊笼继续上升或下降到设计规定的最高极限或最低极限位置时能及时切断总电源，以保证吊笼安全，极限开关为非自动复位型的，其动作后必须手动复位才能使吊笼可重新启动，上极限开关安装位置应保证与上限位开关之间的越程距离、SC 型升降机为 0.15m。在正常工作状态下，吊笼碰到缓冲器之前，下极限开关首先动作。极限开关、限位开关应设置独立的触发元件，吊笼门应安装机电连锁装置，并应灵敏可靠，吊笼顶窗应安装电气安全开关，并应灵敏可靠（见图 7-3）

7.3 防护设施

要求在通道与升降机结合部位必须设置楼层通道门，通道门不得向吊笼运行通道一侧开启，此门在吊笼上下运行时处于常闭状态，只有在吊笼停靠时，由吊笼内的人打开，应做到楼层内的人员无法打开此门，以确保通道口处不出现危险的临边。施工升降机与建筑物通道两侧应设置 1.2m 高防护栏杆和 18cm 高挡脚板，平台的脚手板铺设应铺满、铺稳、铺实、铺平，并避免出现"探头板"（见图 7-4）

图 7-4

图 7-5

当建筑物超过 2 层时，施工升降机地面通道上方应搭设防护棚，防护棚应引出坠落半径以外，当建筑物高度超过 24m 时，应设置双层防护棚，防护棚两侧应采取全封闭措施并做到坚固美观（见图 7-5）

7.4 附墙架及通讯装置

施工升降机的附墙架形式、附着高度、垂直间距、附着点水平距离、附墙架与水平面之间的夹角、导轨架自由端高度和导轨架与主体结构之间水平距离等均应符合使用说明书的要求。当附墙架不能满足施工现场要求时，应对附墙架另行设计，附墙架的设计应满足构件的刚度、强度、稳定性等要求，制作应满足设计要求。施工升降机应安装楼层信号联络装置，该装置能可靠传递各层作业人员呼叫吊笼停层信号，避免误操作，信号应清晰有效（见图 7-6）

图 7-6

7.5 安装验收与使用

图 7-7

从事施工升降机安装拆卸活动的单位应当依法取得建设行政主管部门颁发的相关资质和建筑企业安全生产许可证，并应在其资质许可范围内承揽施工升降机安装拆卸工程（见图 7-7）

安装拆卸应制定专项施工方案，并由本单位技术负责人签字，经过审核、审批，按照安全技术标准及安装使用说明书等检查施工升降机及现场施工条件，组织施工技术交底并签字确认，制定施工升降机安装、拆卸工程生产事故安全应急救援预案，将施工升降机安装拆卸工程专项施工方案、安装拆卸人员名单、安装拆卸时间等材料报施工总承包单位和监理单位审核后，告知工程所在地县级以上建设行政主管部门（见图 7-8）

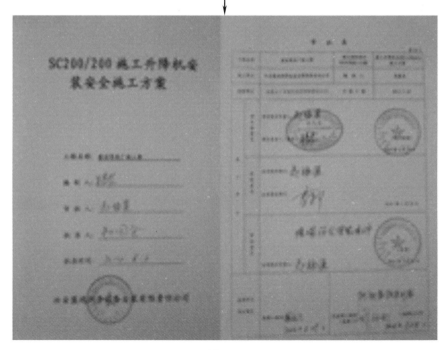

图 7-8

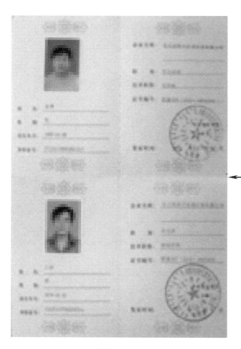

图 7-9

　　安装单位应当按照施工升降机安装拆卸工程专项施工方案及安全操作规程组织安装拆卸作业，安装单位的专业技术人员、专职安全生产管理人员应当进行现场监督，技术负责人应当定期巡查，施工升降机安装拆卸工、信号司索工、起重司机等特种作业人员应当经建设主管部门考核合格并取得特种作业操作资格证书后方可上岗作业，施工升降机特种作业人员应当遵守施工升降机安全操作规程和安全管理制度，在作业中有权拒绝违章指挥和强令冒险作业，有权在发生危及人身安全的紧急情况时立即停止作业，或采取必要的应急措施后撤离危险区域。施工升降机安装完毕之后，安装单位应当按照安全技术标准及安装使用说明书的有关要求对施工升降机进行自检、调试和试运行，自检合格应当出具自检合格证明，并向使用单位进行安全使用说明。施工升降机安装完毕后使用前，使用单位应当组织出租、安装、监理等有关单位进行验收，验收前应经过有资质的检测机构进行检测合格后方可验收，检验检测机构和检验检测人员对检验检测结果、鉴定结论依法承担法律责任，施工升降机经验收合格后可投入使用，未经验收或验收不合格的不得投入使用，实行施工总承包的由总承包单位组织验收。使用单位应当自施工升降机安装验收合格之日起 30 日内将施工升降机安装验收资料、安全管理制度、特种作业人员名单等向工程所在地县级以上人民政府建设行政主管部门办理施工升降机使用登记（见图 7-9）

8 塔式起重机

8.1 载荷限制装置

　　要求塔式起重机应设置起重量限制器，如设有起重量显示装置，则其数值误差不应大于实际值的 ±5%。当起重量大于相应档位的额定值并小于该额定值的 110% 时，应切断上升方向的电源，但机构可作下降方向的运动。起重量限制器的工作原理是控制钢丝绳的张力，簧片上分别装有限位开关和触动板。当钢丝绳受到张力时，传感器上的圆环被拉成椭圆形，带动两簧片纵向延长、横向收缩产生相对位移，带动微动限位开关动作，达到报警或断电的目的（见图 8-1）

图 8-1

图 8-2

　　要求塔机应安装起重力矩限制器，应始终处于正常工作状态，在现场条件不具备的情况下，至少应该在最大工作幅度进行力矩限制器试验，并保证力矩限制器有效运行。如设有起重力矩显示装置，则其数值误差不应大于实际值的 ±5%。当起重力矩大于相应工况下的额定值并小于该额定值的 110% 时，应切断上升和幅度增大方向的电源，但机构可作下降和减小幅度方向的运动。力矩限制器控制定码变幅的触点或控制定幅变码的触点应分别设置，且能分别调整。对小车变幅的塔机，其最大变幅速度超过 40m/min，在小车向外运行，且起重力矩达到额定值的 80% 时，变幅速度应自动转换为不大于 40m/min 的速度运行。力矩限制器多种多样，一般采用机械式力矩限制器，力矩限制器一般安装在塔帽或回转塔身的主弦杆上，其构造是两块弓形板相对形成一个菱形的长对角，两端有两块连接板，短对角上有一对支板分别安装有限位开关和触动头的调节螺栓，当超力矩时弓形板受力向短对角线方向位移，两弓形板之间距离减小，触动限位开关触头，达到报警或断电的目的（见图 8-2）

8.2 行程限位装置

图 8-3

回转部分不设集电器的塔机，应安装回转限位器，塔机回转部分在非工作状态下应能自由旋转，具有自锁作用的回转机构应安装安全极限力矩联轴器。回转限位器是为了防止塔机单方向旋转圈数过多，使电缆打扭。现在使用的回转限位器大多是多功能限位器，在多功能限位器的输出端上装有小齿轮与塔机大齿轮相啮合。塔机回转时由大齿轮带动小齿轮，调整多功能限位器的圈数从而达到断电的目的，限制了塔机的旋转圈数。应设置正、反两个方向的回转限位开关，开关动作时臂架旋转角度应小于或等于 ±540°（见图 8-4）

图 8-4

小车变幅的塔机应设置小车行程限位开关和终端缓冲装置，限位开关动作后应保证小车停车时与其端部缓冲装置的距离为200mm，小车变幅塔机是通过多功能限位器开关的圈数控制变幅（见图8-3）

图 8-5

要求塔机应安装吊钩上极限位置起升高度限位器，起升高度限位器应满足《塔式起重机》GB/T 5031—2008 中的规定，吊钩下极限位置的限位器可根据用户要求设置。起升高度限位器是为了防止操作失误，在吊钩滑轮组接近变幅小车前或下降时，吊钩距地面0.2m前或确保卷筒上不少于3圈钢丝绳时，能终止提升或下降运动，防止吊钩因吊钩上升过度而碰坏变幅小车的装置（见图 8-5）

8.3 保护装置

小车变幅的塔机，变幅的双向均应设置断绳保护装置，保证在小车前、后牵引钢丝绳断绳时，小车在起重臂上不移动。断轴保护装置必须保证即使车轮失效小车也不能脱离起重臂（见图8-6）

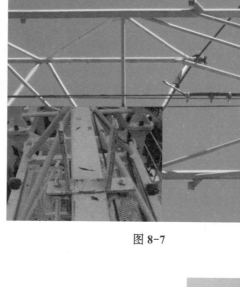

要求塔机行走和小车变幅的轨道行程末端均需设置止档装置。缓冲器安装在止档装置或塔机（变幅小车）上，当塔机（变幅小车）与止挡装置撞击时，缓冲器应使塔机（变幅小车）较平稳地停车而不产生猛烈的冲击。缓冲器的设计应符合《塔式起重机设计规范》GB/T 13752—1992 中 第 6.4.9 条的规定（见图8-7）

图 8-7

图 8-6

要求臂架根部铰点高度大于50m的塔机应安装风速仪。风速仪的作用是自动记录风速，当超过6级（20m/s）风速以上时自动报警，停止作业，4级（13m/s）风速以上停止顶升作业。风速仪应安装在起重机顶部至吊具最高的位置间不挡风处。要求超过30m的塔机，必须在塔机的最高部位（臂架、塔帽或人字架顶端）安装红色障碍指示灯，并保证供电不受停机影响，以免发生航空灾难（见图8-8）

图 8-8

8.4 吊钩、滑轮、卷筒与钢丝绳

图 8-9

钢丝绳是起重机械的重要零部件，它具有强度高、自重轻、运行平稳、高速、弹性较好、极少突然断裂等优点而广泛用于起重机械的起升机构，也用于变幅机构、牵引机构等。钢丝绳的使用和维护保养是否得当直接影响到钢丝绳的使用寿命及起升作业的安全。在实际工作中钢丝绳受力极其复杂，包括钢丝绳受拉时使钢丝产生的拉应力，钢丝绳绕过卷筒或滑轮时钢丝受到弯曲产生的弯曲应力，钢丝绳与卷筒或滑轮接触产生的挤压应力等。由于钢丝反复弯曲与反复挤压所造成的金属疲劳是钢丝破坏的主要原因，所以交互捻钢丝绳断丝数达到总丝数的 10% 时，钢丝绳应予报废；同向捻钢丝绳断丝数达到总丝数的 5% 时，应予报废；当有一股钢丝绳折断时，钢丝绳应予报废；外层钢丝绳磨损达 40% 或绳径磨损减小达 15% 时，不论断丝多少都应立即报废；钢丝绳失去正常状态产生严重变形的必须立即报废（见图 8-9）

起重吊钩是最常用的一种取物装置，它不仅能直接悬挂荷载，同时也常用作其他取物挂架，吊钩可用来提取任何种类的成件物料，所以它是起重机上的一种通用部件。起重吊钩有单钩和双钩两种类型，吊钩在提取重物过程中受冲击荷载，要求必须安全可靠，因此吊钩大多采用软钢锻造而成，锻后还要经过退火处理并去鳞片，表面应光洁，不许有毛刺、伤疤、裂纹，成品吊钩都应有制造厂的厂牌、载重能力的印记和合格证，吊钩制成后经过超重 25%10min 以上的强度试验。用 20 倍放大镜观察表面有裂纹应予以报废，钩尾和螺纹部分等危险断面有永久变形的应报废，挂绳处断面磨损超过原高的 10% 应予以报废，芯轴磨损量超过 5%、开口比原尺寸增加 15% 应予以报废。起重机起升机构钢丝绳经常要先绕过若干滑轮然后固接到卷筒上，滑轮是支持钢丝绳的零件，轮周上有防止绳索脱落的绳槽，在轻级和中级工作级别的起重机中滑轮可用牌号为 HT200 的灰铸铁或 QT400-10 球墨铸铁铸造，在重级以上的起重机中滑轮用铸钢 ZG25 II 或 ZG35 II 制造。滑轮应有防钢丝绳跳槽的装置，钢丝绳在放出最大工作量长度后卷筒上的钢丝绳至少应保留三圈，裂纹和滑轮破损应予以报废，卷筒壁磨损量达到原壁厚的 10% 应报废，滑轮绳槽壁磨损量达到原壁厚 2% 时应报废，滑轮槽底的磨损量超过相应钢丝绳直径的 25% 时应报废

8.5 多塔作业

当多台塔式起重机在同一施工现场交叉作业时，任意两台塔式起重机的最小架设距离应符合以下规定：低位塔式起重机的起重臂端部与另一台塔式起重机塔身之间的距离不得小于2m，高位塔式起重机最低位置的部件或吊钩升至最高点或平衡重的最低部位与低位塔式起重机中处于最高位置的部件之间的距离不得小于2m，两台相邻塔式起重机的安全距离如果控制不当很容易发生安全事故，当相邻工地发生多台塔式起重机交叉作业时，应在协调相互作业关系的基础上编制各自的专项使用方案，确保任意两台塔式起重机不发生碰撞。起重机起升机构钢丝绳经常要先绕过若干滑轮然后固接到卷筒上，滑轮是支持钢丝绳的零件，轮周上有防止绳索脱落的绳槽，在轻级和中级工作级别的起重机中滑轮可用牌号为HT200的灰铸铁或QT400-10球墨铸铁铸造，在重级以上的起重机中滑轮用铸钢ZG25 Ⅱ或ZG35 Ⅱ制造。滑轮应有防钢丝绳跳槽的装置，钢丝绳在放出最大工作量长度后卷筒上的钢丝绳至少应保留三圈，裂纹和滑轮破损应报废，卷筒壁磨损量达到原壁厚的10%应报废，滑轮绳槽壁磨损量达到原壁厚2%时应报废，滑轮槽底的磨损量超过相应钢丝绳直径的25%时应报废（见图8-10）

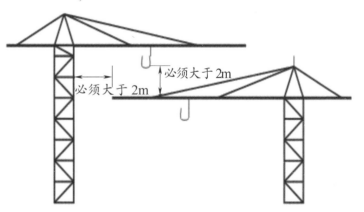

图 8-10

8.6 安拆、验收与使用

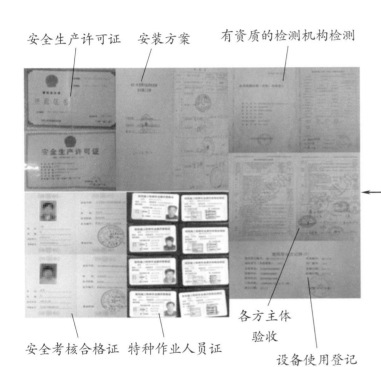

安全生产许可证　　安装方案　　　有资质的检测机构检测

各方主体
验收

设备使用登记

安全考核合格证　特种作业人员证

图8-11

从事建筑起重机械安装拆卸活动的单位应当依法取得建设行政主管部门颁发的相关资质和建筑企业安全生产许可证，并应在其资质许可范围内承揽建筑起重机械安装拆卸工程。安装拆卸应制定专项施工方案，并由本单位技术负责人签字，经过审核、审批，按照安全技术标准及安装使用说明书等检查建筑起重机械及现场施工条件，组织施工技术交底并签字确认，制定建筑起重机械安装、拆卸工程生产事故安全应急救援预案，将建筑起重机械安装拆卸工程专项施工方案、安装拆卸人员名单、安装拆卸时间等材料报施工总承包单位和监理单位审核后，告知工程所在地县级以上建设行政主管部门。安装单位应当按照建筑起重机械安装拆卸工程专项施工方案及安全操作规程组织安装拆卸作业，安装单位的专业技术人员、专职安全生产管理人员应当进行现场监督，技术负责人应当定期巡查，建筑起重机械安装拆卸工、起重信号工、起重司机、司索工等特种作业人员应当经建设主管部门考核合格并取得特种作业操作资格证书后方可上岗作业，建筑起重机械特种作业人员应当遵守建筑起重机械安全操作规程和安全管理制度，在作业中有权拒绝违章指挥和强令冒险作业，有权在发生危及人身安全的紧急情况时立即停止作业，或采取必要的应急措施后撤离危险区域。建筑起重机械安装完毕之后，安装单位应当按照安全技术标准及安装使用说明书的有关要求对建筑起重机械进行自检、调试和试运行，自检合格应当出具自检合格证明，并向使用单位进行安全使用说明。建筑起重机械安装完毕后使用前，使用单位应当组织出租、安装、监理等有关单位进行验收，验收前应经过有资质的检测机构进行检测合格后方可验收，检验检测机构和检验检测人员对检验检测结果、鉴定结论依法承担法律责任，建筑起重机械经验收合格后可投入使用，未经验收或验收不合格的不得投入使用，实行施工总承包的由总承包单位组织验收。使用单位应当自建筑起重机械安装验收合格之日起30日内将建筑起重机械安装验收资料、安全管理制度、特种作业人员名单等向工程所在地县级以上人民政府建设行政主管部门办理建筑起重机械使用登记（见图8-11）

9 施 工 机 具

9.1 平刨

设备进场应经过验收合格后方可使用。

平刨护手装置应达到作业人员刨料发生意外情况时，不会造成手部被刨刃伤害的事故。明露的机械传动部位应有牢固、适用的防护罩，防止物料带人，保障作业人员的安全。按照电气的规定，设备外壳应做保护接零（接地），开关箱内装设漏电保护器（30mA×0.1s）。当作业人员准备离开机械时，应先拉闸切断电源后再走，避免误碰触开关发生事故。严禁使用多功能平刨（即平刨、电锯、打眼三种功能合置在一台机械上，开机后同时转动）（见图9-1）

图 9-1

9.2 圆盘锯

图 9-2

设备进场应经过验收合格后方可使用。

圆盘锯的安全装置应包括：

1. 锯盘上方安装防护罩，防止锯片发生问题时造成的伤人事故。

2. 锯盘的前方安装分料器（劈刀），木料经锯盘锯开后向前继续推进时，由分料器将木料分离一定缝隙，不致造成木料夹锯现象使锯料顺利进行。

3. 锯盘的后方应设置防止木料倒退的装置。当木料中遇有铁钉、硬节等情况时，往往不能继续前进，突然倒退打伤作业人员。

为防止此类事故发生，应在锯盘后面作业人员的前方设置挡网等防倒退装置。挡网可以从网眼中看到被锯木料的墨线，不影响作业。

明露的机械传动部位应有牢固、适用的防护罩，防止物料带人，保障作业人员的安全。

按照电气的规定，设备外壳应做保护接零（接地），开关箱内装设漏电保护器（30mA×0.1s）。

当作业人员准备离开机械时，应先拉闸切断电源后再走，避免误碰触开关发生事故（见图9-2）

9.3 手持电动工具

图 9-3

使用Ⅰ类工具（金属外壳）外壳应做保护接零，在加装漏电保护器的同时，作业人员还应穿戴绝缘防护用品。漏电保护器的参数为30mA×0.1s；露天、潮湿场所或在金屑构架上操作时，严禁使用Ⅰ类工具。使用Ⅱ类工具时，漏电保护器的参数为15mA×0.1s。发放使用前，应对手持电动工具的绝缘阻值进行检测，Ⅰ类工具不应低于2MΩ；Ⅱ类工具不应低于7MΩ。手持电动工具自带的软电缆或软线不允许任意拆除或接长；插头不得任意拆除更换。当不能满足作业距离时，应采用移动式电箱解决。工具中运动的（转动的）危险零件，必须按有关的标准装设防护罩，不得任意拆除（见图9-3）

9.4 钢筋机械

设备进场应经过验收合格后方可使用。

确认合格：按照电气的规定，设备外壳应做保护接零（接地），开关箱内装设漏电保护器（30mA×0.1s）。明露的机械传动部位应有牢固、适用的防护罩，防止物料带人、保障作业人员的安全。冷拉场地应设置警戒区，设置防护栏杆及标志。冷拉作业应有明显的限位指示标记，卷扬钢丝绳应经封闭式导向滑轮与被拉钢筋方向成直角，防止断筋后伤人。对焊作业要有防止火花烫伤的措施，防止作业人员及过路人员烫伤（见图9-4）

图 9-4

9.5 电焊机

图 9-5

交流电焊机实际上就是一台焊接变压器，由于一次线圈与二次线圈相互绝缘，所以一次侧加装漏电保护器后，并未减轻二次侧的触电危险。二次侧具有低电压、大电流的特点，以满足焊接工作的需要。二次侧的工作电压只有 20 多伏，但为了引弧的需要，其空载电压一般为 45 ~ 80V（高于安全电压），所以要求电焊工人戴帆布手套、穿胶底鞋，防止电弧熄灭和换焊条时发生触电事故。由于作业条件的变化，管理上存在的问题，空载电压引起的触电死亡事故屡有发生，我国早在 1988 年就颁发了，但并未受到应有的重视，因此这次修订标准时，增加了此项规定，强制要求弧焊变压器加装防触电装置，由于此种装置能把空载电压降到安全电压以下（一般低于 24V），因此完全能防止此类事件发生。空载降压保护装置：当弧焊变压器处于空载状态时，可使其电压降到安全电压值以下，当启动焊接时，焊机空载电压恢复正常。不但保障了作业人员的安全，同时由于切断了空载时焊机的供电电源，降低了空载损耗，起到了节约电能的作用。防触电保护装置是将电焊机输入端加装漏电保护和输出端加装空载降压保护合二而一采用一种保护装置，对电焊机的输入端和输出端的过电压、过载、短路和防触电具有保护功能，同时也具有空载节电的效果。电焊机的一次侧与二次侧比较，一次侧电压高危险性大，如果一次线过长（拖地），容易损坏或机械损伤发生危险，所以一次线安装的长度以尽量不拖地为准（一般不超过 3m），焊机尽量靠近开关箱，一次线外最好穿管保护和焊机接线柱连接后，上方应设防护罩防止意外碰触。焊把线长度一般不应超过 30m，并不准有接头。接头处往往由于包扎达不到电缆原有的防潮、抗拉、防机械损伤等性能，所以接头处不但有触电的危险，同时由于电流大，接头处过热，接近易燃物容易引起火灾。《施工现场临时用电安全技术规范》JGJ 46—2005 规定"容量大于 5.5kW 的动力电路应采用自动开关电器或降压启动装置控制"。电焊机一般容量都比较大，不应采用手动开关，防止发生事故。露天使用的焊机应该设置在地势较高平整的地方并有防雨措施（见图 9-5）

9.6 搅拌机

设备进场应经过验收合格后方可使用。

确认合格：按照电气的规定，设备外壳应做保护接零（接地），开关箱内装设漏电保护器（30mA×0.1s）。空载和满载运行时检查传动机构是否符合要求，检查钢丝绳磨损是否超过规定，离合器、制动器灵敏可靠。自落式搅拌机出料时，操作手柄轮应锁住保险装置，防止作业人员在出料口操作时发生误动作。露天使用的搅拌机应有防雨棚。搅拌机上料斗应设保险挂钩，当停止作业或维修时，应将料斗挂牢。各传动部位都应装设防护罩。固定式搅拌机应有可靠的基础，移动式搅拌机应在平坦坚硬的地坪上用方木或撑架架牢，并垫上干燥木板保持平稳（见图9-6）

图 9-6

9.7　气瓶

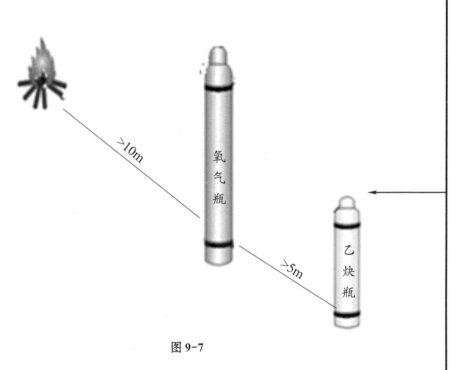

>10m

>5m

氧气瓶

乙炔瓶

图 9-7

各种气瓶标准色：氧气瓶（天蓝色瓶、黑字）、乙炔瓶（白色瓶、红字）、氢气瓶（绿色瓶、红字）、液化石油气瓶（银灰色瓶、红字）。不同类的气瓶，瓶与瓶之间不小于 5m，气瓶与明火距离不小于 10m。当不能满足安全距离要求时应有隔离防护措施。乙炔瓶不应平放。因为乙炔瓶内微孔填料中浸满丙酮，利用乙炔溶解于丙酮的特点使乙炔贮存在乙炔气瓶中，当乙炔用完时，丙酮仍存留在瓶中待下次继续使用。而丙酮是一级易燃品，若气瓶平放，丙酮有排出的危险。乙炔瓶瓶体温度不准超过 40℃。丙酮溶解乙炔的能力是随温度升高而下降的，当温度达到 40℃时，溶解能力只为正常温度（15℃）的 1/2，溶解能力下降，造成瓶体内压力增高，超过瓶壁压力过高时就有爆炸的危险，所以夏季应防曝晒，冬天解冻用温水。

气瓶存放包括集中存放和零散存放。施工现场应设置集中存放处，不同类的气瓶存放有隔离措施，存放环境应符合安全要求，管理人员应经培训，存放处有安全规定和标志。零散存放是属于在班组使用过程中的存放，不能存放在住宿区和靠近油料、火源的地方。存放区应配备灭火器材。运输气瓶的车辆不能与其他物品同车运输，也不准一车同运两种气瓶。使用和运输应随时检查防震圈的完好情况，为保护瓶阀，应装好瓶帽（见图 9-7）

9.8 翻斗车

按照有关规定，机动翻斗车应定期进行年检，并应取得上级主管部门核发的准用证。空载行驶，当车速为20km/h时，使离合器分离或变速器置于空挡，进行制动，测量制动开始时到停车的轮胎压印、拖印长度之和，应符合参数规定。司机应经有关部门培训考核并持有合格证。机动翻斗车除一名司机外，车上及斗内不准载人。司机应遵章驾车，起步平稳，不得用二、三挡起步。往基坑卸料时，接近坑边应减速。行驶前必须将翻斗锁牢，离机时必须将内燃机熄火，并挂空挡拉紧手制动器（见图9-8）

图 9-8

9.9 潜水泵

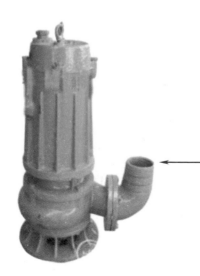

图 9-9

潜水泵是指将泵直接放入水中使用的水泵，操作时应注意：水泵外壳必须做保护接零（接地），开关箱中装设漏电保护器（15mA×0.1s）。泵应放在坚固的筐里置入水中，泵应直立放置。放入水中或提出水面时，应先切断电源，禁止拉拽电缆。接通电源应在水外先行试运转（试运转时间不超过5min），确认旋转方向正确，无泄漏现象。叶轮中心至水面距离应在3～5m之间，泵体不得陷入污泥或露出水面（见图9-9）

10 安 全 管 理

10.1 安全生产责任制

施工单位主要负责人依法对本单位的安全生产工作全面负责。施工单位应当建立健全安全生产责任制度和安全生产教育培训制度,制定安全生产规章制度和操作规程,保证本单位安全生产条件所需资金的投入,对所承担的建设工程进行定期和专项安全检查,并做好安全检查记录。施工单位的项目负责人应当由取得相应执业资格的人员担任,对建设工程项目的安全施工负责,落实安全生产责任制度、安全生产规章制度和操作规程,确保安全生产费用的有效使用,并根据工程的特点组织制订安全施工措施,消除安全事故隐患,及时、如实报告生产安全事故。项目部安全生产责任制主要是指工程项目部各级管理人员,包括项目经理、施工员、安全员,生产、技术、机械、器材、后勤以及分包单位负责人等管理人员,均应建立安全责任制。根据《建筑施工安全检查标准》JGJ 59—2011 和项目制定的安全管理目标,进行责任目标分解。建立考核制度,定期考核。安全生产责任制应经责任人签字确认(见图 10-1)

项目部建立各级管理人员安全生产责任制

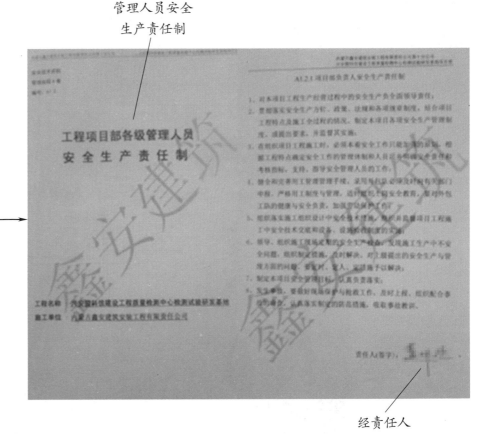

经责任人签字确认

图 10-1

10.2　施工组织设计及专项施工方案

专项施工方案

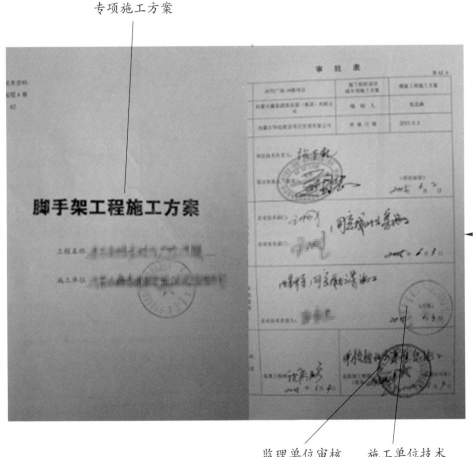

脚手架工程施工方案

监理单位审核　　施工单位技术
　　　　　　　　负责人审批

工程项目在施工前施工组织设计及专项施工方案应由项目技术负责人编制，项目负责人签章，由施工企业技术部门负责人、安全部门负责人、企业技术负责人审批并加盖公章。监理单位监理工程师、总监理工程师审批并签章。

超过一定规模的危险性较大的分部分项工程专项方案应当由施工单位组织召开专家论证会。实行施工总承包的，由施工总承包单位组织召开专家论证会（见图10-2）

图10-2

10.3　安全技术交底

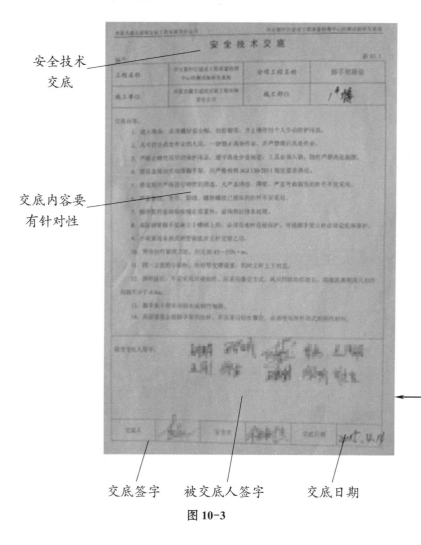

安全技术
交底

交底内容要
有针对性

交底签字　　被交底人签字　　交底日期

图 10-3

图 10-4

施工单位负责项目管理的技术人员应当对有关安全施工的技术要求向施工作业班组、作业人员作出详细说明，并由双方签字确认安全技术交底，主要包括：一是按工程部位分部分项进行交底；二是对施工作业相对固定，与工程施工部位没有直接关系的工种，如起重机械、钢筋加工等，应单独进行书面交底；三是对工程项目的各级管理人员，应进行以安全施工方案为主要内容的交底（见图 10-3、图 10-4）

10.4 安全检查

图 10-5

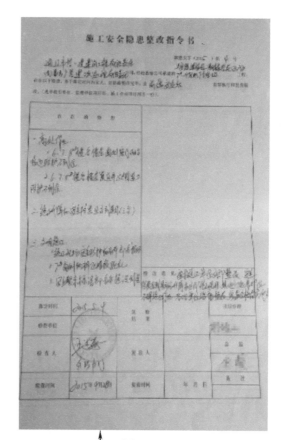

图 10-6

> 　　建筑行业安全检查应包括定期安全检查、季节性安全检查和大检查。定期安全检查以每周一次为宜。季节性安全检查，应在雨期、冬期之前和雨期、冬期施工中分别进行。大检查有建设行政主管部门检查和上级部门督查。对重大事故隐患整改复查，应由按照谁检查谁复查的原则进行（见图 10-5、图 10-6）

10.5 安全教育

图 10-7

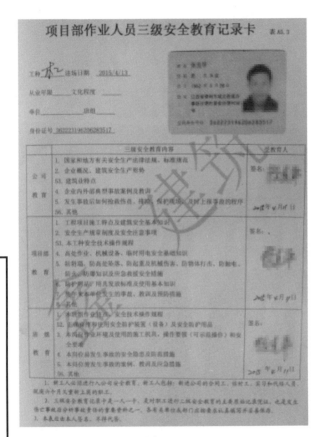

图 10-8

　　作业人员进入新的岗位或者新的施工现场前，应当接受安全生产教育培训（见图 10-7）。未经教育培训或者教育培训考核不合格的人员，不得上岗作业。施工单位在采用新技术、新工艺、新设备、新材料时，应当对作业人员进行相应的安全生产教育培训。一级安全教育：以国家和地方有关安全生产法律法规、标准规范企业安全生产规章制度为主要内容的教育培训；二级安全教育：以施工现场安全生产管理规定和安全技术操作规程为主要内容的教育培训；三级安全教育：以各工种、岗位安全操作、现场安全隐患及个人安全防护用品使用为主要内容的教育培训。

　　适时性及经常性安全教育是指当施工人员变换工种，或采用新技术、新工艺、新设备、新材料施工，或遇季节性、节假日施工时进行的安全教育培训。

　　项目部管理人员、专职安全员每年度应进行安全教育培训和考核。

　　现场特种作业人员每年度应进行安全教育培训，培训时间不少于 24 学时。

　　项目部作业人员三级安全教育、管理人员和现场特种作业人员年度安全教育培训均应附试卷（见图 10-8）

10.6　应急救援

对于某一种类的风险，生产经营单位应当根据存在的重大危险源和可能发生的事故类型，制定相应的专项应急预案。专项应急预案应当包括危险性分析、可能发生的事故特征、应急组织机构与职责、预防措施、应急处置程序和应急保障等内容。应急预案应当包括应急组织机构和人员的联系方式、应急物资储备清单等附件信息。附件信息应当经常更新，确保信息准确有效。重大危险源的辨识应根据工程特点和施工工艺，对施工中可能造成重大人身伤害的危险因素、危险部位、危险作业列为重大危险源并进行公示，并以此为基础编制应急救援预案和控制措施。项目应定期组织综合或专项的应急救援演练

10.7　分包单位安全管理

分包单位安全员的配备应按住房和城乡建设部的规定，专业承包单位应当配置至少1人。劳务分包单位施工人员在50人以下的，应当配备1名专职安全生产管理人员；50～200人的，应配备2名，200人及以上的，至少配备3名。分包单位应根据每天工作任务的不同特点，对施工作业人员进行班前安全交底

10.8　生产安全事故处理

单位负责人接到事故报告后，应当迅速采取有效措施，组织抢救，防止事故扩大，减少人员伤亡和财产损失，并按照国家有关规定立即如实报告当地负有安全生产监督管理职责的部门，不得隐瞒不报、谎报或者迟报，不得故意破坏事故现场、毁灭有关证据。事故调查处理应当按照科学严谨、依法依规、实事求是、注重实效的原则，及时、准确地查清事故原因，查明事故性质和责任，总结事故教训，提出整改措施，并对事故责任者提出处理意见。事故调查报告应当依法及时向社会公布。事故调查和处理的具体办法由国务院制定。事故发生单位应当及时全面落实整改措施，负有安全生产监督管理职责的部门应当加强监督检查

10.9　持证上岗

　　垂直运输机械作业人员、安装拆卸工、爆破作业人员、起重信号工、登高架设作业人员等特种作业人员，必须按照国家有关规定经过专门的安全作业培训，并取得特种作业操作资格证书后，方可上岗作业。

　　施工单位的主要负责人、项目负责人、专职安全生产管理人员应当经建设行政主管部门或者其他有关部门考核合格后方可任职。施工单位应当对管理人员和作业人员每年至少进行一次安全生产教育培训，其教育培训情况记入个人工作档案。安全生产教育培训考核不合格的人员，不得上岗。

　　建筑施工特种作业包括：

　　（一）建筑电工；

　　（二）建筑架子工（普通脚手架）；

　　（三）建筑架子工（附着式脚手架）；

　　（四）塔式起重机信号司索工；

　　（五）塔式起重机司机；

　　（六）司机施工升降机；

　　（七）塔式起重机安装拆卸工；

　　（八）施工升降机安装拆卸工；

　　（九）高处作业吊篮安装拆卸工；

　　（十）外墙外保温工；

　　（十一）电焊工；

　　（十二）施工现场推土机（铲运机）驾驶员；

　　（十三）施工现场挖掘机驾驶员；

　　（十四）施工现场装载机驾驶员；

　　建筑施工特种作业人员必须经建设主管部门考核合格，取得建筑施工特种作业人员操作资格证书，方可上岗从事相应作业（见图10-9）

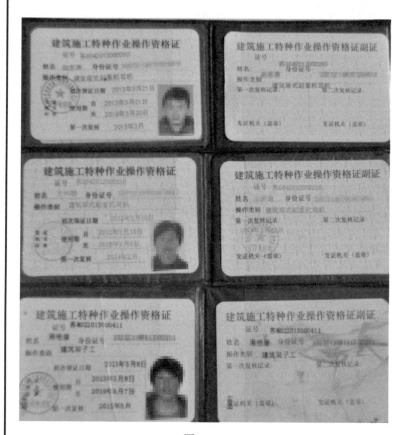

图 10-9

10.10　安全标志

施工单位应当在施工现场入口处、施工起重机械、临时用电设施、脚手架、出入通道口、楼梯口、电梯井口、孔洞口、桥梁口、隧道口、基坑边沿、爆破物及有害危险气体和液体存放处等危险部位，设置明显的安全警示标志。安全警示标志必须符合国家标准。

施工单位应当根据不同施工阶段和周围环境及季节、气候的变化，在施工现场采取相应的安全施工措施。施工现场暂时停止施工的，施工单位应当做好现场防护，所需费用由责任方承担，或者按照合同约定执行（见图 10-10）

（a）

（b）

（c）

图 10-10

95

11 文 明 施 工

11.1 现场围挡

壁柱间距不大于 3.6m

砖垛 370mm×490mm

图 11-1

施工工地必须沿四周连续设置封闭围挡，围挡材料应选用砌体、金属板材等硬性材料，并做到坚固、稳定整洁和美观。

市区主要路段的工地应设置高度不小于 2.5m 的封闭围挡，一般路段的工地应设置不小于 1.8m 的封闭围挡。围挡应坚固、稳定、整洁、美观（见图 11-1、图 11-2）

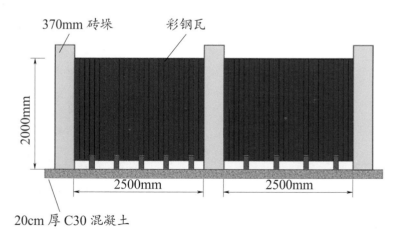

370mm 砖垛　　彩钢瓦

2000mm

2500mm　　　2500mm

20cm 厚 C30 混凝土

图 11-2

彩钢板围挡的高度不宜超过2.5m；当高度超过1.5m时，宜设置斜撑，斜撑与水平地面的夹角宜为45°；立杆间距不宜大于3.6m。横梁与立柱之间应采用螺栓可靠连接，围挡应采取抗风措施（见图11-3）

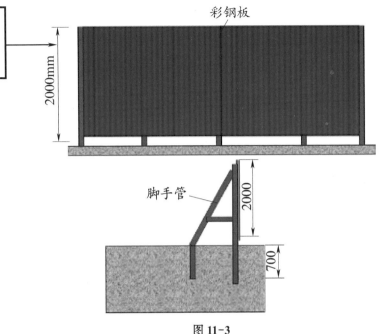

图 11-3

壁柱间距不应大于5.0m，单片砌体围挡长度大于30m时，宜设置变形缝，变形缝两侧均应设置端柱

广告牌

（a）立面图

说明：
1. 砌体强度等级外墙不小于MU5，M5水泥砂浆砌筑。
2. 围墙地基承载力不得低于50kPa。
3. 扶壁柱与砌体用2Φ8钢筋连接。外抻长度为：1000mm，末端需弯直钩。

C20混凝土

C20混凝土

A—A

B—B

（b）剖面图

图 11-4

砌体围挡不应采用空斗墙砌筑方式；砌体围挡厚度不宜小于200mm，并应在两端设置壁柱，壁柱尺寸不宜小于370mm×490mm，壁柱间距不应大于5.0m；单片砌体围挡长度大于30m时，宜设置变形缝，变形缝两侧均应设置端柱；围挡顶部应采取防雨水渗透措施；壁柱与墙体间设置拉结钢筋，拉结钢筋直径不应小于6mm，间距不应大于500mm，伸入两侧墙内的长度均不应小于1000mm（见图11-4）

11.2 封闭管理

企业形象标志　　　大门

门卫室出入
人员登记

企业形象标志

施工现场进出口应该设置大门、门卫室、企业形象标志、车辆冲洗设施等，并严格执行门卫制度，持工作卡进出现场（见图11-5）

图11-5

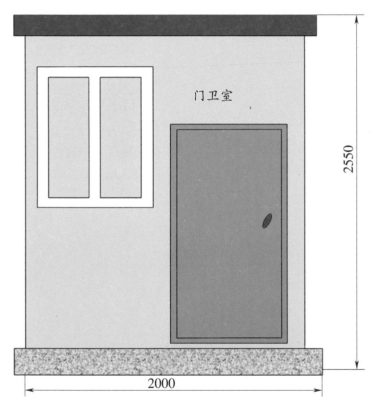

门卫室

2550

2000

图 11-6

施工现场大门内应设置门卫室，非施工现场人员进入施工现场
应在值班人员处登记（见图 11-6）

员 工 通 道

施工现场的封闭管理采用电子化信息化管理，所有人员必须经过员工通道刷卡进入施工现场。有效控制了非施工人员进入施工现场。人员的刷卡记录储存在电脑中。准确掌握人员的上岗人数、上下班时间等管理信息（见图11-7）

人员通过员工通道刷卡进入施工现场

刷卡记录保存在电脑中

刷卡机

图 11-7

11.3 施工场地

进出车辆必须经过冲洗

土方和建筑垃圾的运输必须采用封闭式运输车辆或采取覆盖措施。施工现场出口处应设置车辆冲洗设施，并应对驶出车辆进行清洗（见图11-8）

洗轮机

车辆冲洗设置排水系统

图11-8

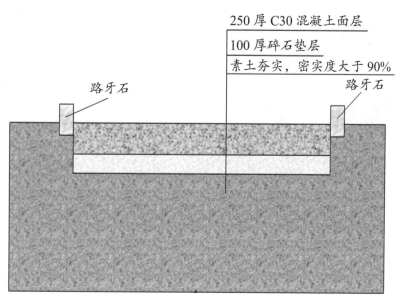

250 厚 C30 混凝土面层

100 厚碎石垫层

素土夯实，密实度大于 90%

路牙石

路牙石

施工现场主要道路用
250mm 厚 C30 混凝土硬化

图 11-9

施工现场主要道路必须采用混凝土、碎石或其他硬质材料进行硬化处理，畅通、整洁，其宽度应能满足施工和消防的要求（见图 11-9）

对裸露的土方
用安全网覆盖

施工现场设计
给水降尘系统

　　施工现场
的主要道路应
进行硬化处理。
裸露的场地和
堆放的土方应
采取覆盖、固
化或绿化防止
泥浆、污水、
废水污染环境
等措施（见图
11-10）

对地面进行绿化硬化
达到降尘效果

在塔吊上设计
给水降尘系统

图 11-10

外扣 1.5mm 彩钢板，
封闭严密

骨架采用 60×60
方钢焊接方式

采用电动滑道式的
覆盖措施

帆布为折叠篷
的面材

采用电动滑道式的覆盖措施。骨架采用 60×60 方钢焊接方式，外扣 1.5mm 彩钢板，封闭严密。料场正面和上口采用电动滑道式的覆盖措施，采用 2 寸的钢管为折叠篷的骨架，帆布为折叠篷的面材，轨道采用 60 槽钢，采用直径 8mm 的钢丝绳为传动链，用电机传动的方式来开启和关闭折叠篷（见图 11-11）

图 11-11

11.4 材料管理

工地建筑材料、构件、料具应根据施工现场实际面积及安全消防要求，合理布置材料的存放位置，并码放整齐。现场存放的材料为达到质量和环境保护的要求，应有防雨水浸泡、防锈蚀和防止扬尘等措施。建筑物内施工垃圾的清运，严禁凌空抛掷。现场易燃易爆物品必须严格管理，在使用和储藏过程中，必须有防曝晒、防火等措施，并应分类存放（见图11-12）

钢筋按型号
分类堆放

材料码放整齐
垛高不超2m

钢筋废料集中
存放在废料池

加工后的钢筋
码放整齐

图 11-12

管材堆放

木材堆放

模板堆放

图 11-13

可燃材料及易燃易爆危险品应按计划限量进场。进场后，可燃材料宜存放于库房内，露天存放时应分类成垛堆放，垛高不应超过 2m，单垛体积不应超过 $50m^3$，垛与垛之间的最小间距不应小于 2m，且应采用难燃材料覆盖；易燃易爆危险品应分类专库储存，库房内应通风良好，应设置严禁明火标志（见图 11-13）

11.5 现场办公与住宿

活动板房
式办公室

集装箱式
办公室

施工现场的办公区应与作业区隔离设置，办公用房应达到A级防火的要求。窗户应设置可开启式窗户，办公用房的门应向外开。应完善办公条件（见图11-14）

砖砌式办公室

图 11-14

宿舍内应保证必要的生活空间，室内净高不得小于2.5m，通道宽度不得小于0.9m，住宿人员人均面积不得小于2.5m²，每间宿舍居住人员不得超过16人。宿舍应有专人负责管理，床头宜设置姓名卡（宿舍内应设置单人铺，层铺的搭设不应超过2层）（见图11-15）

生活区与作业区隔离

生活区集装箱式用房

职工生活物品摆放

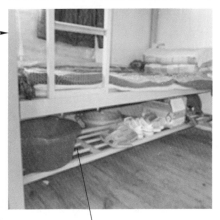

职工用柜

图 11-15

导向标牌　　　　　　水冲厕所

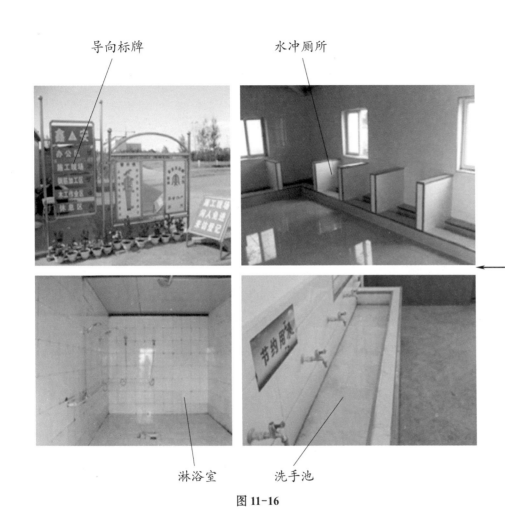

淋浴室　　　　　　洗手池

图 11-16

施工现场应设置办公室、宿舍、食堂、厕所、盥洗设施、淋浴房、开水间、文体活动室、职工夜校等临时设施。文体活动室应配备文体活动设施和用品。尚未竣工的建筑物内严禁设置宿舍（见图 11-16）

11.6 现场防火

施工现场应设置灭火器、临时消防给水系统和应急照明等临时消防设施。临时消防设施的设置应与在建工程的施工保持同步。对于房屋建筑工程，临时消防设施的设置与在建工程主体结构施工进度的差距不应超过3层。建筑高度大于24m或体积超过30000m³（单体）的在建工程，应设置临时室内消防给水系统（见图11-17）

消防桶　　消防锹　　　　灭火砂箱

灭火砂箱

灭火器

图 11-17

11.7 综合治理

会议室

监控系统

篮球场

生活区应设置供作业人员学习和娱乐的场所。施工现场应建立治安保卫制度、责任分解落实到人。施工现场应制定治安防范措施（见图11-18）

图 11-18

11.8 公示标牌

大门口处应设置公示标牌，主要内容应包括：工程概况牌、消防保卫牌、安全生产牌、文明施工牌、管理人员名单及监督电话牌、施工现场总平面图。标牌应规范、整齐、统一。施工现场应有安全标语，应有宣传栏、读报栏、黑板报（见图 11-19）

宣传栏、读报栏

五牌一图

图 11-19

11.9 生活设施

食堂制度

食堂生熟
食品分开
存放

职工餐厅

食堂人员持健康证上岗

要求施工工地建立卫生责任制度并落实到人,食堂必须经相关部门审批,颁发卫生许可证和炊事人员的身体健康证。食堂使用的煤气罐应进行单独存放,不能与其他物品混放,且存放间应有良好的通风条件。食堂应设专人进行管理和消毒,门扇下方设防鼠挡板,操作间设清洗池、消毒池、隔油池、排风、防蚊蝇等设施,储藏间应配有冰柜等冷藏设施,防止食物变质(见图11-20)

图 11-20

工地小卖店　　　工地热水器

自制垃圾箱　　　分类垃圾箱

图 11-21

水冲厕所

图 11-22

施工现场应设置水冲式或移动式厕所，厕所地面应硬化，门窗应齐全并通风良好。厕位宜设置门及隔板，高度不应小于 0.9m。厕所面积应根据施工人员数量设置。厕所应设专人负责，定期清扫、消毒，化粪池应及时清掏。高层建筑施工超过 8 层时，宜每隔 4 层设置临时厕所（见图 11-22）

12 绿色施工

12.1 绿色施工概述

绿色施工是指在工程建设过程中，通过科学的设计和管理，最大限度地节约资源并减少对环境负面影响的施工活动。实现节水、节地、节能、节材、环保。绿色施工是在传统的施工基础上对施工体系进行创新和提升，实现绿色施工的目的。建设资源节约型、环境友好型社会，通过采用先进的技术措施和管理，最大程度地节约资源，提高能源利用，减少施工活动对环境造成的不良影响。绿色施工是实现建筑业发展方式转变的重要途径之一。从传统高能耗的粗放型增长方式向高效率的集约型方式转变，建造方式从劳动力密集型向技术密集型转变。施工企业项目部必须编制绿色施工专项方案，设立绿色施工管理机构（见图12-1）

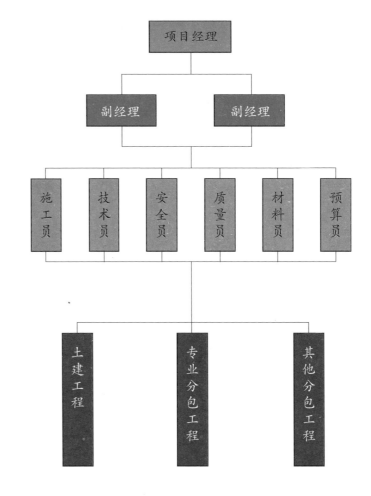

图 12-1

115

12.2 节材与材料资源利用

1. 施工现场围墙不再使用烧结材料砌筑，应采用定型化可多次周转型围挡。

2. 施工道路硬化应与小区规划道路结构相一致，事先将给排水地下管线进行预埋。避免发生重复建设。

3. 采用可周转式生活设施。

4. 高处作业防护采用定型化工具式防护，增强通用性，便于重复使用。

5. 建筑材料应及时收集，避免材料损失。

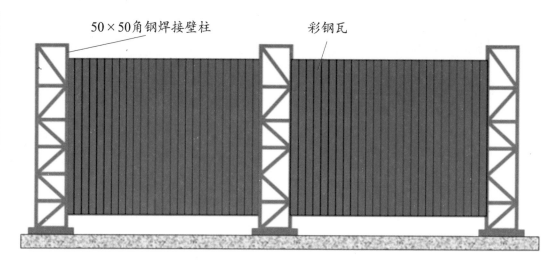

50×50角钢焊接壁柱　　　彩钢瓦

图 12-3

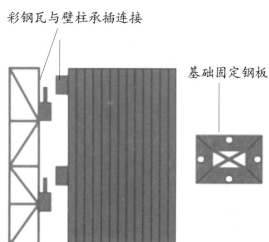

彩钢瓦与壁柱承插连接

基础固定钢板

图 12-2

施工现场围挡采用 50×50 角钢焊接壁柱，并与彩钢瓦承插连接，拆装方便，可多次重复利用。不再使用烧结材料进行砌筑围挡，充分节约材料和能源（见图 12-2、图 12-3）

定型化茶水亭可以多次利用

集装箱式厕所可以多次周转利用

施工道路硬化应与小区规划道路结构相一致，事先将给排水地下管线进行预埋。避免发生重复建设

图 12-4

117

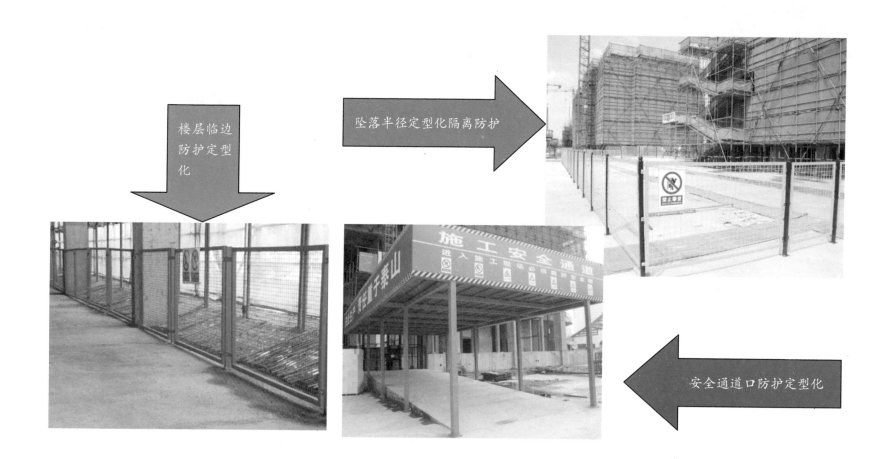

楼层临边防护定型化

坠落半径定型化隔离防护

安全通道口防护定型化

图 12-5

电梯井防护门
定型化工具化

基坑临边防护和排
水沟定型化工具化

后浇带洞
口采用定
型化工具
化防护

图 12-6

小型材料收集

半成品的材料收集

建筑垃圾清理

图 12-7

12.3 节水和水资源利用

1. 基坑降水应设置回灌井，将排出的地下水回灌到地下当中去。不能设置回灌井的应在施工现场设置基坑降水收集池。

2. 建筑物周边设贯通式排水沟，收集雨水、地表水，排入室外沉淀池，经检测合格用于车辆冲洗、绿化、混凝土养护等重复使用。

3. 楼层施工用水应设排水措施，排至底层排水沟，流入室外沉淀池中，沉淀后经检测合格重复使用。

4. 混凝土养护采用覆盖塑料布保水。

5. 独立柱混凝土养护采用裹塑料布保水养护。

6. 采用可移动式自动喷淋定时养护，将直排式人工洒水喷淋变成雾状自动喷淋养护。

7. 管网和用水器材应定期检查防止漏水。

8. 生活区应设置污水处理系统，将浴室用水收集后用于冲厕使用

（a）

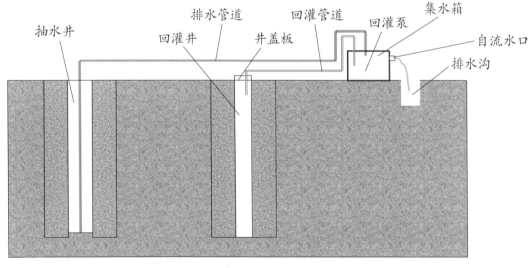

（b）

图 12-8

建筑物周边设贯通式排水沟，收集雨水、地表水，排入室外沉淀池

沉淀池的水经检测合格用于车辆冲洗、绿化、混凝土养护等重复使用

图 12-9

122

混凝土养护采用覆盖塑料布保水。独立柱混凝土养护采用裹塑料布保水养护

图 12-10

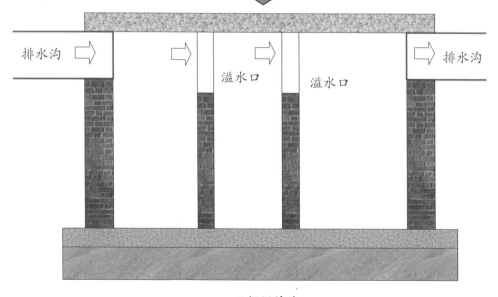

楼层施工用水应设排水措施，排至底层排水沟，流入室外沉淀池中，沉淀后经检测合格重复使用

排水沟

溢水口　溢水口

排水沟

三级沉淀池

图 12-11

123

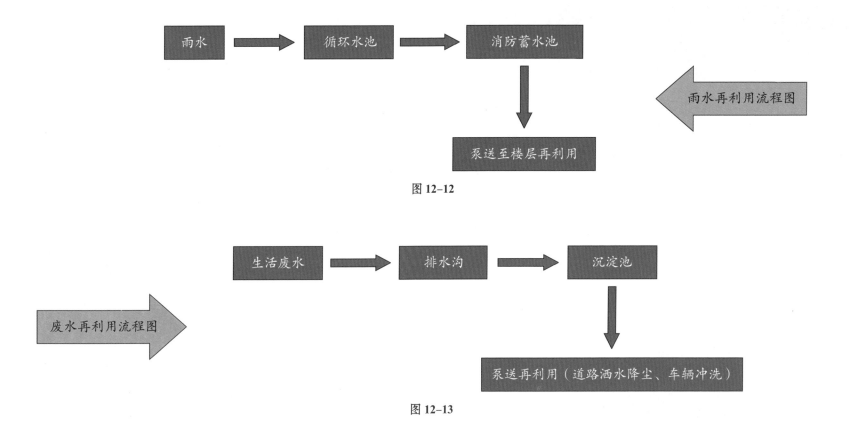

图 12-12

图 12-13

12.4 节能与能源利用

1. 施工现场制定节能措施，提高能源利用率，对能源消耗量大的工艺必须制定降耗措施。

2. 按预分配系数，施工现场分别设定施工区、生活区、办公区的能耗指标。

3. 照明器具宜选用节能型器具。

4. 施工现场宜充分利用太阳能和其他可再生能源

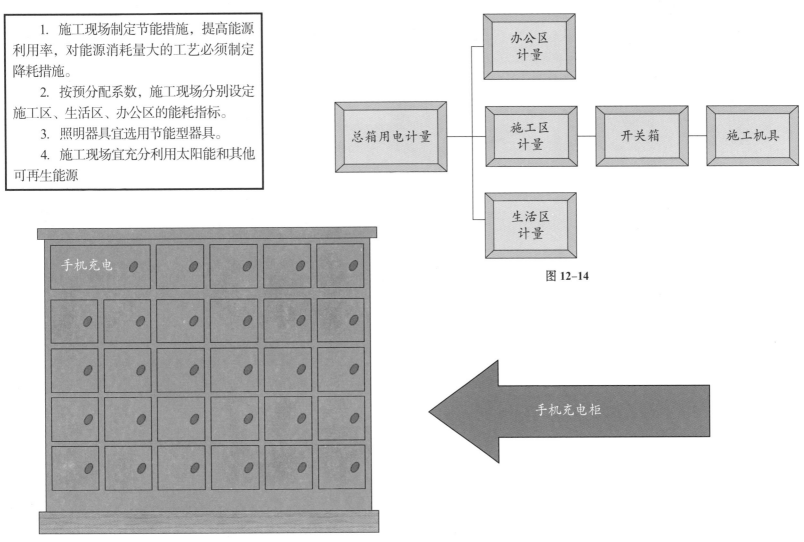

图 12-14

图 12-15

125

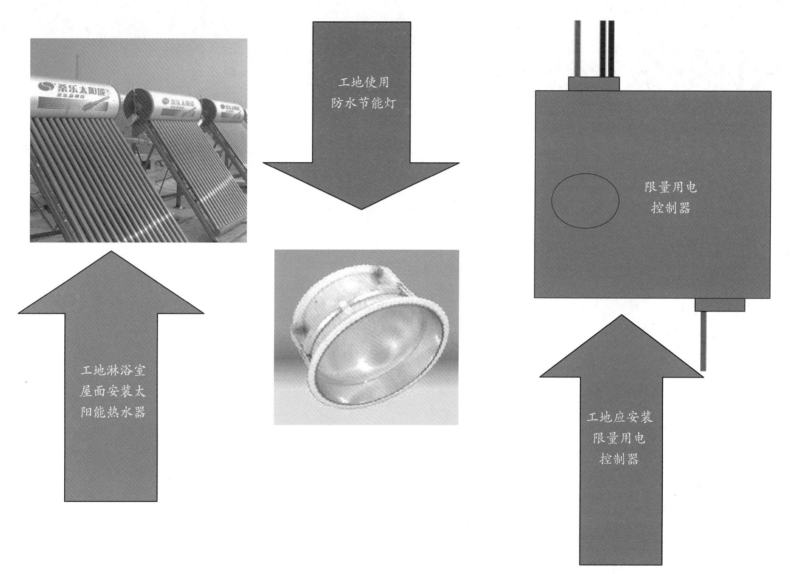

工地使用
防水节能灯

限量用电
控制器

工地淋浴室
屋面安装太
阳能热水器

工地应安装
限量用电
控制器

图 12-16

126

每月对施工现场如塔吊、施工升降机、电焊机、钢筋加工厂、木工加工厂等大型耗能设备安装电表进行耗能统计，并建立用电统计台账。

不能使用国家、行业明令淘汰的施工设备、机具和产品，可参考国家工业和信息化部发布的《高耗能落后机电设备（产品）淘汰目录》、《部分工业行业淘汰落后生产工艺装备和产品指导目录》

热工性能达标是指满足现行国家标准《公共建筑节能设计标准》GB 50189 的规定，施工现场临时设施围护结构热工性能应能参照执行，围护墙体、屋面、门窗各部位，要使用保温热性达标的节能材料，并满足防火要求。并应有组装材料导热系数、防火性能监测合格的检测报告

机械设备能耗管理

临时设施
能耗管理

施工与材料运输能耗管理

工程开工前，根据现场实际情况编制科学合理的施工组织设计，合理划分施工段，科学安排施工顺序；工序衔接紧凑；在既定施工目标下，进行均衡施工、流水施工，避免突击赶工的无序施工，造成人力、物力和财力浪费等现象发生。避免夜间施工，除混凝土连续浇筑夜间作业外，其他施工不宜安排夜间作业。北方地区合理进行施工组织，减少冬期施工时间。所使用的建筑材料宜就地取材，降低运输成本

12.5 节地与土资源环保

1. 施工前准备了解地下隐蔽工程，一次性规划到位。
2. 施工道路兼顾后续永久道路设计。
3. 增加绿化面积，保持土体强度，防止水土流失。
4. 基坑采取合理支护，减少土方开挖量。
5. 加强文物保护，节约临时用地

结合建筑场地永久绿化，提高场内绿化面积，保护用地。对于施工现场的裸露地面，应设置合理的排水系统，及时排走地表水和雨水，保持土体的强度，防止滑坡或水土流失，必要时可以通过附着植被等方法加固或封闭处理

施工占地措施

应根据工程进度对平面布置进行调整。一般建筑工程应有基础、主体、装修三个阶段的施工平面布置图。尽可能做到一次规划到位，加强动态管理，要不断减少拆除，而不能不断拆除搬迁。充分了解施工现场毗邻区域内人文景观保护要求、工程地质情况及地下管线情况，制订相应保护措施

施工前准备

施工现场内交通道路布置应满足各种车辆机具、设备进出场、消防安全疏散要求，便于场内运输。场内道路应充分利用场地原有道路，新增临时道路应兼顾后续永久道路设计，节约临时道路用地面积。硬化道路可采用重复用的混凝土预制块、透水砖等

施工前准备

深基坑开挖与支护方案的编制和论证时应尽可能减少土方开挖和回填量,最大限度减少对土地的扰动,保持现有生态环境。土方开挖可通过优化施工方案,采用复合土钉墙支护技术减少土方放坡开挖量,以此减少对原状土的扰动。在不影响正常施工的前提下,应保护施工用地范围内原有植被。对于施工周期较长的现场,可按建筑场地绿化设计要求进行永久绿化

土体保护措施

节约临时用地,加强文物保护

施工时发现具有重要人文、历史价值的文物时,应保护好施工现场并报请施工区域所在地人民政府相关部门处理。对推动建筑工业化生产,提高施工质量,减少现场钢筋绑扎作业、节约临时用地具有重要作用。积极实施钢筋统一加工配送,有条件时进行构件制作工厂化

优先选用装配式用房和集装箱式用房

图 12-17

12.6 环境保护

1. 施工现场扬尘治理：采用车辆冲洗、四级风不得进行土方回填、办公区生活区绿化、采用密闭式垃圾容器等措施。

2. 噪声防治：应在现场建立钢筋加工车间、木工加工车间、混凝土泵降噪房、发电机降噪房等措施。

3. 光污染控制：塔吊上的镝灯和工作面设置的碘钨灯应始终朝向工地内侧。电焊作业采取遮挡措施。

4. 水污染控制：设置沉淀池，经过三级沉淀再利用

施工现场大门口设置冲洗车辆的设施。有四级以上大风不得进行土方回填、转运以及其他可能产生扬尘污染的施工。办公区和生活区应进行绿化。建筑物拆除应采取有效的降尘措施。建立密闭式垃圾站。建筑物内施工垃圾的清运，必须采用相应容器或管道运输，严禁凌空抛掷

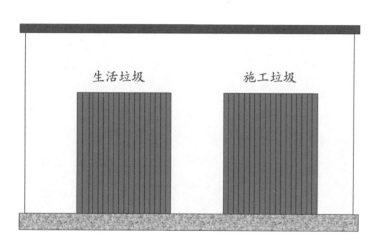

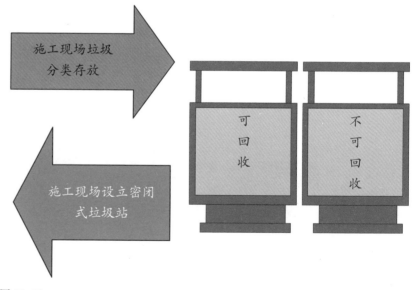

图 12-18

噪声防治中生产作业尽量向现场外部发展，减少作业内容。改进作业技术，采用先进设备与材料。施工现场围护结构全封闭技术，可以大大降低施工作业噪声向外传播的强度。调整作业时间，对作业噪声进行控制和监测

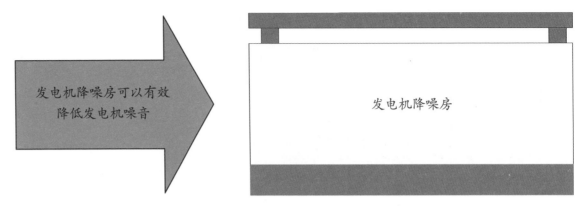

发电机降噪房可以有效降低发电机噪音

发电机降噪房

图 12–19

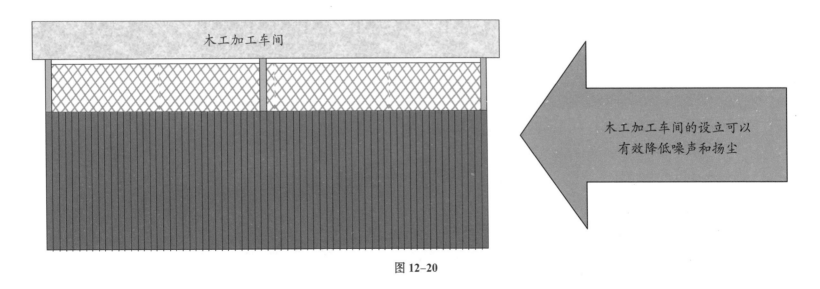

木工加工车间

木工加工车间的设立可以有效降低噪声和扬尘

图 12–20

光污染控制中塔吊上的镝灯应随塔吊高度和施工进度调整灯罩。其反光角度保证强光在施工范围内。工作面设置的碘钨灯应始终朝向工地内侧。电焊作业采取遮挡措施

图 12-21

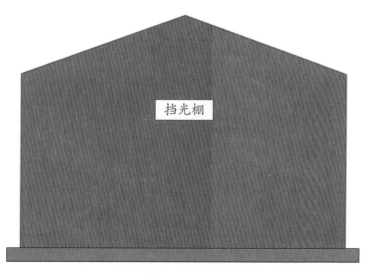

挡光棚

图 12-22

可移动式电焊挡光棚

施工现场应设沉淀池，废水不得直接排入市政污水管网，可经沉淀后检测合格后用于洒水降尘。现场的油料和化学溶剂等物品应设有专门的库房，废弃的油料和化学溶剂应集中处理，不得随意倾倒。食堂设置隔油池，并及时清理

施工现场废水排入沉淀池后再利用

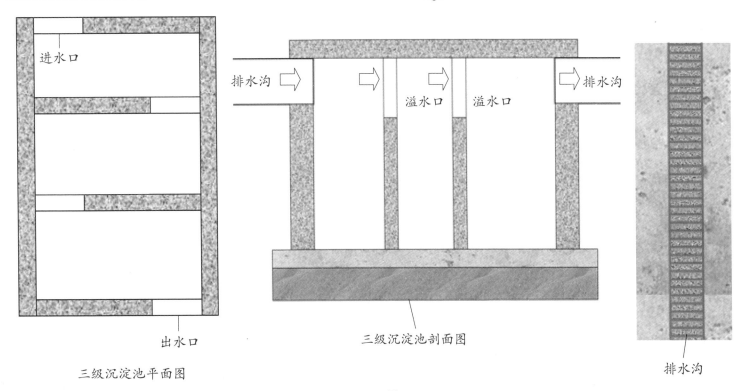

进水口

出水口

三级沉淀池平面图

排水沟

溢水口　溢水口

排水沟

三级沉淀池剖面图

排水沟

图 12-23

133